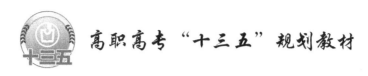

高职高专"十三五"规划教材

板带钢生产工艺与设备

柴书彦 编

U0313785

北 京
冶 金 工 业 出 版 社
2024

内 容 提 要

本书以板带钢生产任务为导向，参照冶金行业职业技能标准和职业技能鉴定规范，根据冶金企业的生产实际和岗位群的技能要求编写而成。全书共分五个情境，主要内容包括概述、中厚板生产工艺与设备、热轧带钢生产工艺与设备、冷轧板带钢生产工艺与设备、板带钢高精度轧制和板带钢生产常见质量缺陷。

本书可作为职业技术学院材料成型与控制技术（轧钢）专业教材（配有教学课件），也可作为企业技术人员和轧钢工、精整工、热处理工等工种的培训教材或参考书。

图书在版编目（CIP）数据

板带钢生产工艺与设备/柴书彦编 . —北京：冶金工业出版社，2017.1
（2024.1 重印）
高职高专"十三五"规划教材
ISBN 978-7-5024-7382-2

Ⅰ.①板… Ⅱ.①柴… Ⅲ.①带材轧制—生产工艺—高等职业教育—教材 ②板材轧制—生产工艺—高等职业教育—教材 Ⅳ.①TG335.5

中国版本图书馆 CIP 数据核字（2016）第 305929 号

板带钢生产工艺与设备

出版发行 冶金工业出版社		**电　话**	(010)64027926
地　址 北京市东城区嵩祝院北巷 39 号		**邮　编**	100009
网　址 www.mip1953.com		**电子信箱**	service@ mip1953.com

责任编辑　俞跃春　杜婷婷　美术编辑　彭子赫　版式设计　葛新霞
责任校对　禹　蕊　责任印制　窦　唯
北京虎彩文化传播有限公司印刷
2017 年 1 月第 1 版，2024 年 1 月第 2 次印刷

787mm×1092mm　1/16；10.25 印张；242 千字；150 页
定价 29.00 元

投稿电话　(010)64027932　投稿信箱　tougao@cnmip.com.cn
营销中心电话　(010)64044283
冶金工业出版社天猫旗舰店　yjgycbs.tmall.com
（本书如有印装质量问题，本社营销中心负责退换）

天津冶金职业技术学院冶金技术专业群及环境工程技术专业"十三五"规划教材编委会

编委会主任

孔维军(正高级工程师)　天津冶金职业技术学院教学副院长

刘瑞钧(正高级工程师)　天津冶金集团轧一制钢有限公司副总经理

编委会副主任

张秀芳(副教授)　天津冶金职业技术学院冶金工程系主任

张　玲(正高级工程师)　天津冶金集团无缝钢管有限公司副总经理

编委会委员

天津冶金集团天铁轧二有限公司：刘红心

天津钢铁集团：高淑荣

天津冶金集团天材科技发展有限公司：于庆莲

天津冶金集团轧三钢铁有限公司：杨秀梅

天津冶金职业技术学院：于　晗　刘均贤　王火清　臧焜岩　董　琦

　　　　　　　　　　　李秀娟　柴书彦　杜效侠　宫　娜　贾寿峰

　　　　　　　　　　　谭起兵　王　磊　林　磊　于万松　李　歜

　　　　　　　　　　　李碧琳　冯　丹　张学辉　赵万军　罗　瑶

　　　　　　　　　　　张志超　韩金鑫　周　凡　白俊丽

序

2016 年是"十三五"开局年，我院继续深化教学改革，强化内涵建设。以冶金特色专业建设带动专业建设，完成了冶金技术专业作为中央财政支持专业建设的项目申报，形成了冶金特色专业群。在教学改革的同时，教务处试行项目管理，不断完善工作流程，提高工作效率；规范教材管理，细化教材选取程序；多门专业课程，特别是专业核心课程的教材，要求其内容更加贴近企业生产实际，符合职业岗位能力培养的要求，体现职业教育的职业性和实践性。

我院还与天津市教委高职高专处联合召开"天津市高职高专院校经管类专业教学研讨会"，聘请国家高职高专经济类教学指导委员会专家作专题讲座；研讨天津市高职高专院校经管类专业教学工作现状及其深化改革的措施，对天津市高职高专院校经管类专业标准与课程标准设计进行思考与探索；对"十三五"期间天津高职高专院校经管类专业教材建设进行研讨。

依据研讨结果和专家的整改意见，为了推动职业教育冶金技术专业教育改革与建设，促进课程教学水平的提高，我们组织编写了冶炼、轧制等专业方向职业教育系列教材。编写前，我院与冶金工业出版社联合举办了"天津冶金职业技术学院'十三五'冶金类教材选题规划及教材编写会"，并成立了"天津冶金职业技术学院冶金技术专业群及环境工程技术专业'十三五'规划教材编委会"，会上研讨落实了高职高专规划教材及实训教材的选题规划情况，以及编写要点与侧重点，突出国际化应用，最后确定了第一批规划教材，即汉英双语教材《连续铸钢生产》、《棒线材生产》、《热轧无缝钢管生产》、《炼铁生产操作与控制》四种，以及《金属塑性变形与轧制技术》、《轧钢设备点检技术应用》、《钢丝生产工艺及设备》、《型钢孔型设计与螺纹钢生产》、《大气污染控制技术》、《水污染控制技术》和《固体废物处理处置》等教材。这些教材涵盖了钢铁生产、环境保护主要岗位的操作知识及技能，所具有的突出特点是理实结合、注重实践。编写人员是有着丰富教学与实践经验的教师，有部分参编人员来自企业生产一线，他们提供了可靠的数据和与生产实际接轨的新工艺新技术，保证了本系列教材的编写质量。

　　本系列教材是在培养提高学生就业和创业能力方面的进一步探索和发展，符合职业教育教材"以就业和培养学生职业能力为导向"的编写思想，对贯彻和落实"十三五"时期职业教育发展的目标和任务，以及对学生在未来职业道路中的发展具有重要意义。

　　　　　　　　　　　　天津冶金职业技术学院　　教学副院长　　孔维军

　　　　　　　　　　　　　　　　　　　2016 年 4 月

前　言

根据"以就业为导向、以能力为本位"的高等职业教育质量方针，本书以钢铁企业的轧钢生产岗位群为目标，依据材料成型与控制技术（轧钢）专业毕业生就业工作岗位（原料工、加热工、轧钢工、精整工、钢材检验工、热处理工）和轧钢生产的特定生产组织形式，"以任务为驱动"设置学习情境，是基于工作过程编写的教程。本书在编排上以能力形成为目标，以能力训练为主要内容，其内容顺序的设置既符合生产工序要求，又符合学生认知规律。

本书在编写过程中充分体现"以就业为导向、以能力为本位"的思想，根据高职高专教育特点，本着工艺和设备相结合的原则，为适应板带钢生产技术发展的需要而编写。本书在内容安排上突破原有设备专业和工艺专业的界限，把设备和工艺结合起来；在知识点上贴近工程实际，内容体现"新知识、新技术、新工艺、新方法"。本书突出实操性、应用性、示范性等特点，将理论知识、核心技能、综合素质的要求有机地结合起来并充分贯彻到教材全部内容当中，充分体现培养学生职业素质的高等职业教育的教材特点。

全书共分五个情境，主要内容包括概述、中厚板生产工艺与设备、热轧带钢生产工艺与设备、冷轧板带钢生产工艺与设备、板带钢生产常见质量缺陷。本书既适用于职业技术院校材料成型与控制技术（轧钢）专业学生学习，也适用于企业技术人员和企业轧钢工等工种的培训。

本书由天津冶金职业技术学院柴书彦主编，并聘请了天津轧一冷轧薄板有限公司韩长生高级工程师对教材进行审定。在编写过程中编者参考了大量文献，同时也得到有关单位同仁的大力支持，在此一并表示衷心的感谢。

本书配套教学课件读者可从冶金工业出版社官网（http：//www.cnmip.com.cn）教学服务栏目中下载。

由于编者水平所限，书中不妥之处，敬请广大读者批评指正。

编者

2016 年 8 月

目　录

情境 1　概述

轧制产品根据断面形状分为型钢、板带钢、钢管及特殊类型钢材四大类。板带钢由于外形具有可裁剪、拼合、弯曲、冲压及覆盖包容能力的特点被广泛应用，同时还由于其断面形状简单，便于采用高速度、自动化和连续化的先进生产方法，致使该产品在钢材总产量中所占比例和地位不断提高，是冶金工业发展水平的标志，也反映了一个国家工业发展的水平。工业发达国家的板带钢产量占钢材产量的 50% ~ 60%，最高已达到 66% 以上。我国板带钢产量在 2000 年时占钢材产量尚不足 35%，尤其是高质量、高附加值的板材品种短缺，要进口弥补不足，这是需要发展的钢材品种。

1.1　板带钢产品的特点与分类

板带钢产品外形扁平，具有大的宽厚比，使用性极强，有"万能钢材"之称。

板带钢的使用特点有：

（1）表面积大，包容和覆盖能力强，在容器、建筑、金属制品、金属结构等方面应用广泛；

（2）裁剪、冲压、弯曲、焊接等性能好，可制成各种制品构件及结构件。

板带钢的生产特点有：

（1）板带钢产品使用平辊轧制，变规格操作简便；

（2）带材形状简单，可成卷生产；

（3）轧制压力大，轧机设备复杂；

（4）板厚板形控制技术要求高。

板带钢是通过平辊轧机轧制而成的断面为扁矩形具有较大宽厚比的一种轧材，一般采用单张供货或成卷供货。按不同的分类标准，板带钢具有多种特定的称谓。

（1）按轧制温度的不同，板带钢可以分为冷轧板带和热轧板带，原料在常温下不经加热即进行轧制的生产方式称为冷轧；原料在高温下经轧机轧制变形的生产板带方式称为热轧。

（2）按板带钢产品的宽度不同，板带钢可以分为宽带钢、中宽带和窄带钢。

（3）按板带钢产品厚度由厚到薄，板带钢可分为中厚板（特厚板、厚板、中板）、薄板（超薄带）、箔材（特指冷轧材）；特厚板厚度在 60mm 以上，厚板厚度在 60 ~ 20mm 之间，中板厚度在 20 ~ 4.0mm 之间，薄板厚度在 4.0 ~ 0.2mm 之间，其中采用热轧方式生产 1.2mm 以下的带材可以称为超薄热带，箔材指 0.2mm 以下的冷轧带材。

（4）按材质的不同，板带钢可以分为普通碳素钢板、优质碳素钢板、高强度低合金钢板、电工硅钢薄板、不锈钢钢板、耐热钢板、复合钢板等。

（5）按用途不同，板带钢可以分为汽车板、造船板、桥梁板、屋面板、集装箱板、锅炉板、镀层板、电工钢板、深冲板、管线用钢板、复合板及不锈钢板、耐酸耐热板等。

1.2　板带钢产品的技术要求

根据板带钢用途的不同，对其提出的技术要求也各不一样，但基于其相似的外形特点和使用条件，其技术要求仍有共同的方面，归纳起来就是"尺寸精确、板形好、表面光洁、性能高"。这四点指出了板带钢主要技术要求的四个方面：

（1）尺寸精确，即尺寸精度要求高。板带钢尺寸精度包括厚度精度、宽度精度，对于横切钢坯还应包括长度精度。一般规定宽度、长度只有正公差。

（2）板形好。板带四边平直，无浪形瓢曲，才好使用。例如，对于厚度 $h \leqslant 1.5mm$ 的钢板，其每米长度上的不平度不得大于 15mm，厚度 $h > 4 \sim 10mm$ 的钢板，其每米长度上的不平度不得大于 10mm，因此对板带钢的板形要求是比较严的。但是由于板带钢既宽且薄，对不均匀变形的敏感性又特别大，所以要保持良好的板形很不容易。板带越薄，其不均匀变形的敏感性越大。显然，板形的不良来源于板形的不均，而变形的不均又往往导致厚度的不均，因此板形的好坏往往与厚度精度有着直接的关系。

（3）表面光洁。板带钢是单位体积的表面积最大的一种钢材，又多用作外围构件，故必须保证表面的质量。无论是厚板还是薄板表面皆不得有气泡、结疤、拉裂、刮伤、折叠、裂缝、夹杂和压入氧化铁皮，因为这些缺陷不但损害板制件的外观，而且往往破坏性能或成为产生破裂和锈蚀的策源地，成为应力集中的薄弱环节。例如，硅钢片表面的氧化铁皮和表面的光洁程度就直接影响磁性；深冲钢板表面的氧化铁皮会使冲压件表面粗糙甚至开裂，并使冲压工具迅速磨损；对不锈钢板等特殊用途的板带，可提出特殊的技术要求。

（4）性能高。板带钢的性能要求主要包括力学性能、工艺性能和某些钢板的特殊物理或化学性能。一般结构钢板只要求具备较好的工艺性能，例如，冷弯和焊接性能等，而对于力学性能的要求不很严格。对于重要用途的结构钢板，则要求有较好的综合性能，即除了要有良好的工艺性能、强度和塑性以外，还要求保证一定的化学成分，保证良好的焊接性能、常温或低温的冲击韧性，或一定的冲压性能、一定的晶粒组织及各向组织的均匀性等。

除了上述各种结构钢板以外，还有各种特殊用途的钢板，如高温合金板、不锈钢板、硅钢片、复合板等，它们或要求特殊的高温性能、低温性能、耐酸耐碱耐腐蚀性能，或要求一定的物理性能（如磁性）等。

1.3　板带钢的生产方式

1.3.1　热轧板带钢的生产方式

1.3.1.1　传统热连轧方式

一般将 20 世纪 90 年代以前的热带钢连轧称为传统带钢热连轧。这种方式年产量可达 300 万吨以上。目前我国有半数左右带钢是通过这种方式生产的，典型的传统热连轧方式如图 1 – 1 所示。

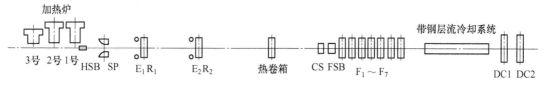

图 1 – 1 典型传统热连轧生产线布置

与薄板坯连铸连轧相比，传统生产工艺具有以下特征：

（1）连铸板坯厚度在 200mm 以上，长度为 4.5 ~ 9m；

（2）具备一定容量的坯料库；

（3）具备加热炉区。

传统热连轧生产工艺的局限性有：

（1）必须用厚板坯作原料，轧制能耗高；

（2）铸造和轧制工艺之间不连续，生产周期长；

（3）将板坯从室温加热到轧制温度，没有利用铸坯的余热，导致能耗高。

我国目前使用的热连轧机属于第三代热连轧机。20 世纪 50 年代从苏联引进的无厚控系统和无板形控制系统的热连轧机属于第一代，如鞍钢的 1700mm 热连轧机；20 世纪 70年代从日本引进的有厚控但无板形控制系统的热连轧机属于第二代，如武钢的 1700mm 热连轧机；20 世纪 80 年代从联邦德国及日本引进的有厚控、板形控制微张力控制的热连轧机属于第三代，如宝钢 2050mm 及 1580mm 热连轧机。第三代热连轧机具有大型化、高速化的特征。

20 世纪 90 年代以后的第三代热连轧机正朝着集约化、紧凑式的 1/2 热连轧机形式发展。我国 20 世纪 90 年代建设的热连轧机共 23 套，其中采用 1/2 连轧的共计 19 套，采用3/4 连轧的共计 3 套，采用全连轧的只有 1 套。由此可以看出，宽带钢热连轧机的发展趋势是 1/2 连续式，粗轧机由 1 架（或 2 架）可逆式轧机组成。更加紧凑的 1/2 连续式布置则是通过在粗轧机后安装热卷箱，使轧制线更短。

同时，当前的第三代热连轧机的生产量、轧制速度、单位宽度卷重等参数也有所变化，表 1 – 1 列出了当前热连轧机与 20 世纪 80 年代第三代轧机的比较。

表 1 – 1 热连轧机的发展比较

生产线参数	20 世纪 80 年代的第三代热连轧机	当前的热连轧机
轧机布置形式	全连续或 3/4 连续	1/2 连续
年生产能力/万吨	400 ~ 600	200 ~ 350
精轧最高出口速度/m·s⁻¹	28.5	19.0 ~ 22.0
轧制线长度/m	622 ~ 675	360 ~ 448
最大单位卷重/t	45	30 ~ 35
产品厚度/mm	1.0 ~ 25.0	1.0 ~ 25.0

1.3.1.2 薄板坯（中厚板坯）连铸连轧方式

薄板坯（中厚板坯）连铸连轧方式自 1990 年得到实际应用以来发展很快，截至 2005

年底，世界建成的薄板坯（中厚板坯）连铸连轧生产线达到近 40 套，主要形式包括 SMS 的 CSP、DEMAG 的 ISP、住友的 QSP、DANIELI 的 FTSP 以及奥钢联的 CONROL 等。

薄板坯连铸连轧的铸坯厚度为 50～90mm，连铸与轧制设备间多采用隧道式辊底炉连接，其工艺特点如下：

（1）针对不同钢种和所需带钢厚度，选择生产 35～70mm 厚板坯；

（2）结晶器内冷却强度大，柱状晶短，铸态组织晶粒细化；

（3）辊底式加热炉可以灵活掌握板坯的加热工艺；

（4）选用热卷箱可以减小中间坯温降，缩短预精轧机和精轧机之间的距离；

（5）精轧机组采用与普通精轧机组相似的轧制速度进行轧制；

（6）可增设近距离地下式卷取机用于生产较薄钢带；

（7）适于生产薄规格带材。

中厚板坯连铸连轧的铸坯厚度为 100～150mm，连铸与轧制设备间多采用步进梁式加热炉连接，其工艺特点如下：

（1）连铸生产效率与连轧生产节奏匹配较好；

（2）可浇注的钢种显著多于薄板坯连铸机，具有钢种灵活性；

（3）生产厚规格的带钢不存在压缩比不足问题；

（4）适用于传统带钢连轧线改造；

（5）适用于提高带材质量，扩大品种。

连铸板坯厚度不同，相应的生产线配置也不同。实践证明，无论哪种形式的连铸连轧生产线，都具有三高（装备水平高、自动化水平高、劳动生产效率高）、三少（流程短工序少、布置紧凑占地少、环保好污染少）和三低（能耗低、投资低、成本低）的优点。

1.3.2　冷轧板带钢的生产方式

冷轧板带钢生产方式的演变如图 1-2～图 1-6 所示。

1.3.2.1　单张生产方式

单张生产方式如图 1-2 所示，从原料到成品生产的全过程是以单张方式进行的。这种生产方式产量低、产品质量差、成材率低，只能轧制较厚规格的薄板，但建设投资相对较少。

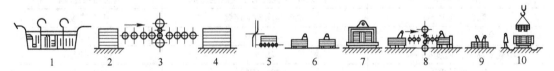

图 1-2　单张生产方式

1—单张原板酸洗槽；2—酸洗后的待轧板料；3—四辊冷轧机；4—轧制状态的钢板；
5—剪切；6—分类；7—罩式电炉退火；8—平整；9—保障；10—入库

1.3.2.2　半成卷生产方式

半成卷生产方式如图 1-3 所示，这种方式产量较高，但产品质量仍然较差。

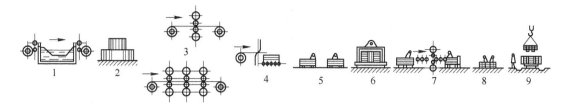

图 1 - 3　半成卷生产方式

1—酸洗；2—酸洗后的待轧板卷；3—单机可逆式或三机架连轧；4—剪切；

5—分类；6—电炉退火；7—平整；8—包装；9—入库

目前，半成卷生产方式和单张生产方式国内外都有，但它们都有逐渐被淘汰的趋势。

1.3.2.3　成卷生产方式

成卷生产方式如图 1 - 4 所示，是 20 世纪 50 年代比较常用的生产方式。

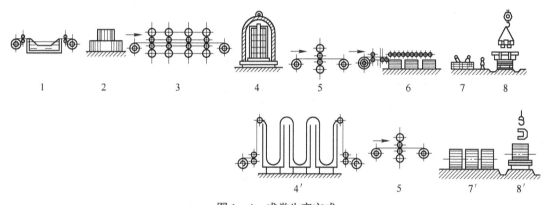

图 1 - 4　成卷生产方式

1—酸洗；2—酸洗板卷；3—连轧机或可逆式单机；4—罩式煤气退火或连续退火炉；

4′—连续退火炉；5—平整机；6—横切分类；7，7′—包装；8，8′—入库

1.3.2.4　现代冷轧生产方式

现代冷轧生产方式如图 1 - 5 和图 1 - 6 所示。图 1 - 5(a) 所示是 20 世纪 60 年代出现的一种生产方式，称为常规冷连轧。冷轧机上装有两台拆卷机、两台轧后张力卷取机和自动穿带装置，并采用了快速换辊、液压压下、弯辊装置以及计算机自动控制等新技术。

图 1 - 5(b)、图 1 - 5(c)、图 1 - 6 所示是全连续式冷轧生产方式。目前关于全连续轧机的名称有各种说法，为了便于表述，按冷轧板带钢生产工序及联合的特点，将全连续轧机分成三类：

第一类是单一全连续轧机，如图 1 - 5(b) 所示，就是在常规的冷连轧机的前面，设置焊接机、活套等机电设备，使冷轧板带钢不间断地轧制。这种单一工序的连续化，称为单一全连续轧制。世界上最早实现这种生产的厂家是日本钢管福山钢铁厂，于 1971 年 6 月投产。目前世界上属于单一全连续轧制的生产线共 20 余套。

第二类是联合式全连续轧机。将单一全连续轧机再与其他工序的机组联合，称为联合式全连续轧机。若单一全连续轧机与后面的连续退火机组联合，即为退火联合式全连续轧

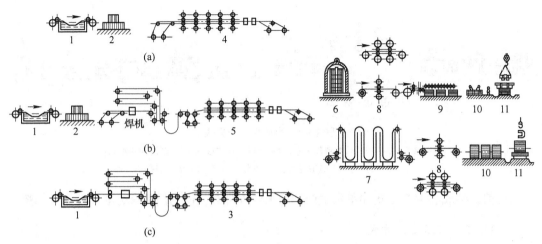

图1-5　成卷生产方式

1—酸洗；2—酸洗板卷；3—酸洗轧制联合机组；4—双卷双拆冷连轧机；5—全连续冷连轧机；
6—罩式退火炉；7—连续退火炉；8—平整机；9—自动分选横切机组；10—包装；11——入库

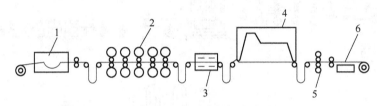

图1-6　全连续式冷轧生产方式

1—酸洗机组；2—冷连轧机组；3—清洗机组；4—连续式退火炉；
5—平整机；6—表面检查横切分卷机组

机；全连续轧机与前面的酸洗机组联合，即为酸洗联合式全连续轧机，如图1-5(c)所示。这种轧机最早在1982年日本新日铁广畑厂投产，目前世界上酸洗联合式全连续轧机较多，发展较快，是全连轧的一个发展方向。

第三类是全联合式全连续轧机，是最新的冷轧生产设备。单一全连续轧机与前面酸洗机组和后面全连续退火机组（包括清洗、退火、冷却、平整、检查工序）全部联合起来，即为全联合式全连续轧机，如图1-6所示。日本新日铁广畑厂于1986年建成了第一条全联合式全连续轧机生产线，美国、日本于1989年合建了第二条生产线。全联合式全连续轧机是冷轧板带钢生产划时代的技术进步成果，它标志着冷轧板带钢设计、研究、生产、控制及计算机应用技术进入一个新的时代。

 思考题

1-1　板带钢如何分类？
1-2　板带钢的主要技术要求有哪些？
1-3　板带钢产品的特点是什么？
1-4　板带钢有哪些生产方式？
1-5　冷轧带钢生产的工艺特点有哪些？

情境2　中厚板生产工艺与设备

中厚钢板大约有200年的生产历史，它是国家现代化不可缺少的一项钢材品种，被广泛用于大直径输送管、压力容器、锅炉、桥梁、海洋平台、各类舰艇、坦克装甲、车辆、建筑构件、机器结构等领域。中厚钢板品种繁多，使用温度要求较广（-200～600℃），使用环境要求复杂（耐候性、耐蚀性等），使用强度要求高（强韧性、焊接性能好等）。

一个国家的中厚板轧机水平也是其钢铁工业装备水平的标志之一，进而在一定程度上也是其工业水平的反映。随着我国工业的发展，对中厚钢板产品，无论从数量上还是从品种质量上都已提出了更高的要求。

中厚钢板：厚度大于4mm的钢板属于中厚钢板。其中，厚度为4.5～25.0mm的钢板称为中厚板，厚度为25.0～100.0mm的称为厚板，厚度超过100.0mm的为特厚板。

中厚板主要用于建筑、机械、造船、石油、电力等行业，中厚板分为普通中厚板和优质中厚板，应用更为广泛的是普通中厚板，它主要用于制造各种容器、炉壳、炉板、桥梁及汽车、拖拉机某些零件及焊接构件。

普通中厚板广泛用来制造各种容器、炉壳、炉板、桥梁及汽车静钢钢板、低合金钢钢板、桥梁用钢板、造船钢板、锅炉钢板、压力容器钢板、花纹钢板、汽车大梁钢板、拖拉机某些零件及焊接构件。

桥梁用钢板用于大型铁路桥梁，要求承受动载荷、冲击、震动、耐蚀等。

造船钢板用于制造海洋及内河船舶船体，要求强度高、塑性、韧性、冷弯性能、焊接性能、耐蚀性能都好。

锅炉钢板用于制造各种锅炉及重要附件，由于锅炉钢板处于中温（350℃以下）高压状态下工作，除承受较高压力外，还受到冲击、疲劳载荷及水和气的腐蚀，要求保证一定强度，还要有良好的焊接及冷弯性能。

压力容器用钢板主要用于制造石油、化工气体分离和气体储运的压力容器或其他类似设备，一般工作压力在常压到$320kg/cm^2$甚至到$630kg/cm^2$，温度在-20～450℃范围内工作，要求容器钢板除具有一定强度和良好塑性和韧性外，还必须有较好冷弯和焊接性能。

汽车大梁钢用于制造汽车大梁（纵梁、横梁），厚度为2.5～12.0mm的低合金热轧钢板。汽车板属于高附加值产品，特别是载货汽车中，横梁、竖梁、车桥以及车轮等结构件广泛使用中厚板。由于汽车大梁形状复杂，除要求较高强度和冷弯性能外，还要求冲压性能好。

花纹板由于表面存在花纹，增加防滑能力，用于制造厂房、船舶、扶梯、工作平台、工作踏板等。另外，优质中厚板主要用于机械、车辆等零件、构件、工具等。不锈板用于航空、石油化工、纺织、食品、医疗等。

2.1　中厚板生产设备

热轧中厚板生产设备包括热连轧机组、中厚板轧机和炉卷轧机等。热连轧宽带钢轧机适合生产薄而窄的产品，常规中厚板轧机适合生产厚而宽的产品，而新兴的宽规格卷轧中厚板轧机（炉卷）能够生产前两种轧机生产比较困难的薄而宽规格的产品。国内中厚板产量主要来源于中厚板轧机，其次是热连轧机。

随着长期生产实践与科学技术的不断进步，中厚板轧机生产工艺有两种方案：一种是传统的常规中厚板生产线，采用单张钢板轧制方式。轧机布置型式有三辊劳特式轧机（已淘汰）、单机架四辊轧机、双机架布置，即二辊粗轧机 + 四辊精轧机或四辊粗轧机 + 四辊精轧机。另一种是卷轧中厚板生产线，即炉卷轧机，该工艺是从 20 世纪 80 年代逐步发展起来的，既可单张钢板轧制，又可采用卷轧方式生产中厚板。

我国于 1936 年在鞍钢建成第一套 2300 中板轧机（三辊劳特式），之后于 1958 年和1966 年先后建成了鞍钢 2800/1700 半连续钢板轧机和武钢 2800 中厚板轧机、太钢 2300/1700 炉卷轧机。1978 年建成了舞钢 4200 宽厚板轧机。宝钢 5000、沙钢 5000、鞍钢 5500宽厚板轧机分别于 2005 年、2006 年、2008 年建成投产。

我国常规的中厚板轧机目前可分三类：第一类为 4.3m 和 5m 高水平轧机；第二类为以 3.5m 为代表的中等水平轧机；第三类为 2.3m、2.8m 老旧轧机。2008 年，我国中厚板轧机将达到 59 套，产能达 5553 万吨/年。

2.1.1　中厚板轧机型式

用于中厚板生产的轧机有四种，分别为二辊可逆式轧机、三辊劳特式轧机、四辊可逆式轧机和万能式轧机。

2.1.1.1　二辊可逆式轧机

二辊可逆式轧机（见图 2 - 1）于 1850 年前后用于生产中厚板，现在多用直流电机驱动，采用可逆、调速轧制，利用上辊进行压下量调整，得到每道的压下量。因此可以低速咬钢高速轧钢，具有咬入角大、压下量大、产量高的优点。此外上辊抬起高度大，轧件重量不受限制，所以对原料的适应性强，既可以轧制大钢锭也可以轧制板坯。但是二辊轧机

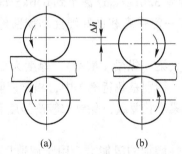

图 2 - 1　二辊可逆式轧机轧制过程示意图
（a）第一道轧制；（b）第二道轧制

的辊系刚度较差，钢板厚度公差大。因此一般只适于生产厚规格的钢板，而更多的是用作双机布置中的粗轧机座。

钢板轧机按轧辊辊身的长度来标称。2300 钢板轧机即指轧辊辊身长度 L 为 2300mm 的钢板轧机。

二辊可逆轧机还常用 DXL 表示，D 为轧辊直径（mm），L 轧辊辊身长度（mm）。二辊轧机的尺寸范围为：$D = 800 \sim 1300mm$，$L = 3000 \sim 5000mm$。轧辊转速 $30 \sim 60(100)$ r/min。我国的二辊轧机 $D = 1100 \sim 1150mm$，$L = 2300 \sim 2800mm$，都用作双机布置中的粗轧机座。

2.1.1.2　三辊劳特式轧机

1864 年美国创建了世界上第一台三辊劳特式轧机（见图 2-2），专门用于中厚板生产。这类轧机是由上下两个大直径辊和中间一个小直径辊所组成，上下辊由交流电机经减速机、齿轮座带动，为主动辊；而中辊可升降，为从动辊，靠上下辊摩擦带动。轧制过程由轧机的两个动作完成，利用中辊升降和升降台实现轧件的往返轧制，无需轧辊正反转；利用上辊进行压下量调整，得到每道次的压下量。

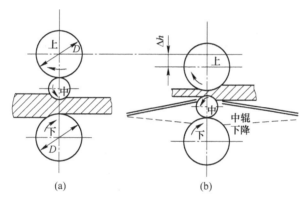

图 2-2　三辊劳特式轧机轧制过程示意图
（a）第一道中下辊过钢；（b）第二道中上辊返回

三辊劳特式轧机设备投资少、建厂快、轧机辊系刚度比二辊可逆式轧机大，因而生产的钢板精度也高些。但这类轧机由于中辊直径小、从动，因而咬入能力较弱，采用角轧法轧制，成材率低，轧机辊系的刚度还不够大，因此产品的产量和质量都不能满足工业发展的需要，现大部分已被淘汰。

三辊劳特式轧机还常用 $D/d/DXL$ 表示。D 为上下辊直径（mm），d 为中辊直径（mm），L 为轧辊辊身长度（mm）。三辊劳特轧机的尺寸范围为：$D = 700 \sim 850mm$，$d = 500 \sim 550mm$，$L = 1800 \sim 2300mm$，通常 $L/D = 2.5 \sim 3$。轧辊转速为 $60 \sim 90$r/min（轧制速度为 $2.5 \sim 3$m/s）。我国三辊劳特轧机多为 $750 \sim 850mm/500 \sim (750 \sim 850)$ mm $\times$ $(2300 \sim 2350)$ mm，用于生产 $4.5 \sim 20mm$ 中板，或者作为双机布置中的粗轧机使用。

2.1.1.3　四辊可逆式轧机

1870 年美国投产了世界上第一台四辊可逆式轧机（见图 2-3）。它是由一对小直径工作辊和一对大直径支撑辊组成，由直流电机驱动工作辊。轧制过程与二辊可逆式轧机相同。它具有二辊可逆轧机生产灵活的优点，又由于有支撑辊使轧机辊系的刚度增大，产品精度提高。而且因为工作辊直径小，使得在相同轧制压力下能有更大的压下量，提高了产量。这种轧机的缺点是采用大功率直流电机，轧机设备复杂，和二辊可逆轧机相比如果轧机开口度相同，四辊可逆轧机将要求有更高的厂房，这些都增大了投资。

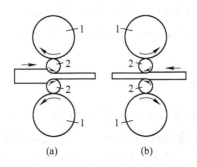

图2-3　四辊可逆式轧机轧制过程示意图

(a) 第一道轧制；(b) 第二道轧制

1—支撑辊；2—工作辊

四辊可逆轧机用d/DXL表示，或简单用L表示。D为支撑辊直径（mm），d为工作辊直径（mm），L为轧辊辊身长度（mm）。四辊可逆轧机的尺寸范围为：$D = 1300 \sim 2400mm$，$d = 800 \sim 1200mm$，$L = 2800 \sim 5500mm$。四辊轧机是轧机中最大的，由于这类轧机生产出的钢板好，已成为生产中厚板的主流轧机。

2.1.1.4　万能式轧机

万能式轧机（见图2-4）是一种在四辊（或二辊）可逆轧机的一侧或两侧带有立辊的轧机。万能式轧机始于1907年，用来生产齐边钢板，以提高成材率。但实践证明立辊轧边只在宽厚比（B/H）小于$60 \sim 70$时才能起作用，而当B/H大于70时用立辊轧边很容易产生纵向弯曲，不仅起不到齐边作用反而使操作复杂，容易造成事故。并且立辊与水平辊要实现同步运行还会增加电器设备和操作的复杂性。中厚板尤其是宽厚板由于B/H大，所以自20世纪70年代后新建轧机一般已不再使用立辊轧机。

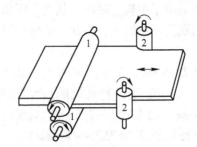

图2-4　万能式轧机轧制过程示意图

1—水平辊；2—立辊

近年来为了进一步提高成材率，对于厚板的V-H轧制（立辊加水平辊轧制）已在进行积极开发研究，其目的是能够生产不用切边的齐边钢板和更有效地控制钢板宽度以减少切边量。它是在轧机上安装防弯辊和狗骨辊以达到防弯控宽的目的，如图 2 - 5 所示。

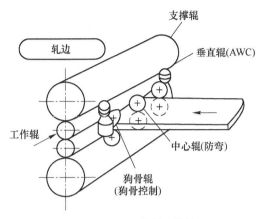

图 2 - 5　V - H 轧制的精轧机

2.1.2　中厚板轧机的布置

中厚板车间的布置形式有三种，即单机座布置、双机座布置和半连续或连续式布置。

2.1.2.1　单机座布置的中厚板车间

单机座布置生产就是在一架轧机上由原料一直轧到成品。单机座布置的轧机可选用前述四种中的任何一种中厚板轧机。但由于在该轧机上要直接生产出成品，因此用二辊可逆轧机显然是不合适的，所以现在在实际生产中已被淘汰。三辊劳特式轧机也已逐渐被四辊可逆式轧机所取代。

机座布置中，由于粗轧与精轧都在一架轧机上完成，所以产品质量比较差（包括表面质量和尺寸精确度），轧辊寿命短，产品规格范围受到限制，产量也比较低。但单机座布置投资低，适用于对产量要求不高，对产品尺寸精度要求相对比较宽，而增加轧机后投资相差又比较大的宽厚钢板生产。此外不少车间为了减少初期投资，在第一期建设中只建一台四辊可逆轧机，预留另一台轧机的位置，这是一种比较合理的建设投资方案。

2.1.2.2　双机座布置的中厚板车间

双机座布置的中厚板车间是把粗轧和精轧分到两个机架上去完成，它不仅产量高，包括一台四辊轧机可达 $100 \times 10^4 t/a$，一台二辊和一台四辊轧机可达 $150 \times 10^4 t/a$，二台四辊轧机约为 $200 \times 10^4 t/a$，而且产品表面质量、尺寸精度和板形都比较好，还延长了轧辊使用寿命。双机布置中精轧机一律采用四辊轧机以保证产品质量，而粗轧机可分别采用二辊可逆轧机或四辊可逆轧机。二辊轧机具有投资少、辊径大、利于咬入的优点，虽然它刚性差，但作为粗轧机影响还不大，尤其在用钢锭直接轧制时。因为钢锭厚度大，压下量的增加往往受咬入角限制，而轧制力又不高，适合用二辊可逆轧机。采用四辊可逆轧机作粗轧机不仅产量更高，而且粗轧、精轧道次分配合理，送入精轧机的轧件断面尺寸比较均匀，为在精轧机上生产高精度钢板提供了好条件。在需要时粗轧机还可以独立生产，较灵活。但采用四辊可逆轧机作粗轧机为保证咬入和传递力矩，需加大工作辊直径，因而轧机比较笨重，厂房高度相应地要增加，投资增大。美国、加拿大多采用二辊加四辊型式，欧洲和日本多采用四辊加四辊型式。目前由于对厚板尺寸精度和质量要求越来越高；因而两架四辊轧机的型式日益受到重视。此外我国还有部分双机座布置的中厚板车间仍采用三辊劳特式轧机作为粗轧机，这是对原有单机座三辊劳特式轧机车间改造后的结果，进一步改造将用二辊轧机或四辊轧机取代三辊劳特式轧机。

　　通常双机座布置的两架轧机的辊身长度是相同的，但有的双机座布置的粗轧机轧辊辊身长度大于精轧机的轧辊辊身长度，这样可用粗轧机轧制压下量比较少的宽钢板，再经旁边的作业线作轧后处理，使设备费减少，而且重点可作为长板坯的宽展轧制用。

2.1.2.3　连续式、半连续式、3/4 连续式布置

　　连续式、半连续式、3/4 连续式布置是一种多机架布置的生产宽带钢的高效率轧机，也看作是一种中厚板轧机。因为目前成卷生产的带钢厚度已达 25mm 或以上，这就几乎有 2/3 的中厚钢板可在连轧机上生产，但其宽度一般不大，而且用生产薄规格的昂贵的连轧机来生产中厚板在经济上也是不合理的。对于半连续轧机，其粗轧部分由于轧机布置灵活，可以满足生产多品种钢板的需要，但精轧机部分的作业率就低了。

　　目前全世界的宽厚板生产（由辊身宽 3m 以上轧机生产），单机布置仍占有很大比例，但总产量却不及双机布置轧机的总产量。在宽厚板轧机上很少使用连续或半连续的布置方式，在全世界 72 条宽厚板轧制线上只有一条。

2.1.3　轧机主机列

2.1.3.1　主传动

　　轧钢机主传动装置根据轧机类型的不同，由不同的部件组成。它一般包括下列几个部件：连接轴及平衡装置、齿轮座、主联轴节、减速机、电动机联轴节和电动机。

　　三辊劳特式轧机用一台交流电动机，经减速机、人字齿轮座来驱动上、下两个大辊，如图 2 - 6 所示。三辊劳特式轧机的人字齿轮座由 3 个齿轮构成，它是一种将电机输出功率分配给上、下两个大辊的装置，其齿轮的节圆直径大致与轧辊直径相等。轧辊的转速比由齿轮的齿数决定，因此，为了使上、下轧辊的圆周速度保持相同，上、下轧辊直径要保持一致。

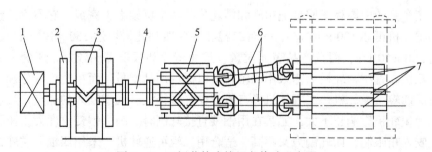

图 2 - 6　三辊劳特式轧机主传动示意图

1—主电机；2—飞轮；3—减速机；4—齿式联轴节；5—人字齿轮座；6—万向接轴；7—轧辊

　　四辊轧机也有采用人字齿轮座转动方式的，由于工作辊直径受到齿轮直径的限制，难

以传递大功率，所以近年来新建的四辊轧机上、下工作辊分别采用各自的直流电动机来驱动，图2-7为四辊轧机电动机直接传动轧辊的主传动示意图。两个工作轧辊由直流电动机通过接轴单独驱动，轧辊的速度同步由电气设备来保证。这种主机列没有减速器和齿轮机座，减少了传动系统的飞轮力矩和损耗，缩短了启动和制动时间，因此能提高可逆式轧机的生产率。

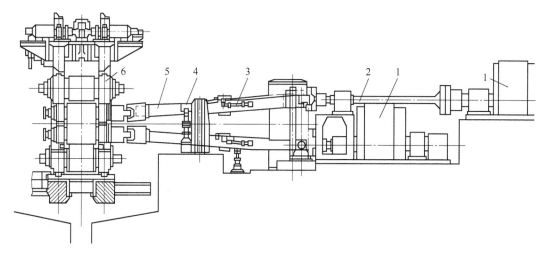

图2-7 四辊轧机电动机直接传动轧辊的主传动示意图

1—电动机；2—传动轴；3—接轴移出缸；4—接轴平衡装置；5—万向接轴；6—工作机座

2.1.3.2 万向接轴及平衡装置

万向接轴是按虎克关节（十字关节）的原理制成的，其结构如图2-8所示。两块带有定位凸肩的月牙滑块3用滑动配合装在叉头2的径向镗孔中，并由上、下具有轴颈的方形小轴4固定位置。带切口的扁头1则插入滑块3与方轴4之间，方轴（矩形断面部分）以其表面镶的铜滑板5与扁头开口滑动配合。关节两端是游动的，即可在接轴中心线方向沿扁头的切口移动。两轴按虎克关节的原理运动，使互相倾斜的两轴传递运动。

万向接轴轴体的材质一般应为50号以上的锻钢，强度极限不小于650～750MPa。应力较大时，可用合金锻钢。接轴中的滑块材料一般用耐磨青铜，也可用布胶、尼龙等制作。

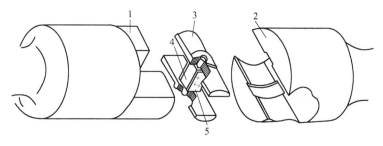

图2-8 万向接轴的立体简图

1—开口扁头；2—叉头；3—月牙滑块；4—小方轴；5—滑板

2.1.3.3　联轴节的工作特点和类型

联轴节的用途是将主机列中的传动轴连接起来。在主机列中，一般把用于连接减速机低速轴与齿轮座主动轴的联轴节称为主联轴节；而把电动机出轴的联轴节称为电动机联轴节。根据使用要求，联轴节除应具有必要的刚度外，在结构上还必须具有能补偿两轴的中心线相互位移的能力，以防止轧钢机的冲击负荷。目前应用于轧钢机主机列中的联轴节，主要是补偿联轴节。

补偿联轴节允许两轴之间有不大的位移和倾斜，其结构类型有十字滑块式（施列曼式）、凸块式（奥特曼式）和齿式三种形式。前两种目前在某些旧式轧钢机上尚可见到，在新型轧钢机上，几乎全部使用了齿式联轴节。

2.1.3.4　齿式联轴节

齿式联轴节具有结构紧凑、补偿性能好、摩擦损失小、传递扭矩大（3MN·m）和一定程度的弹性等优点，所以广泛用于轧钢机的主传动轴上。

齿式联轴节的结构如图 2-9 所示，主要由两个带有外齿的外齿轴套 1 和两个带有内齿的套筒 2 所组成。两个套筒用螺栓固定，其内装有高黏度的润滑油，两端用密封圈 5 进行良好的密封。轴套端面上有螺孔 6，可以装上螺栓以便于将轴套从轴上卸下。润滑油经油塞孔 4 注入。轴与轴套间一般采用过渡配合，并带有平键连接，有时也采用花键连接。当工作条件繁重时，所用的巨型联轴节就要采用没有键的热压过盈配合。

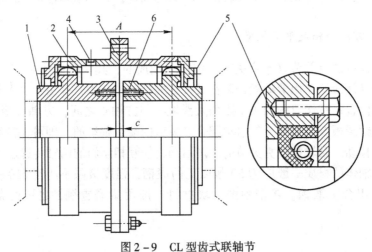

图 2-9　CL 型齿式联轴节
1—轴套；2—套筒；3—纸垫；4—油塞孔；5—密封圈；6—拆卸轴套用的螺孔

为了避免外齿与内齿挤住，通常将轴套的外齿齿顶做成球面的。安装时，外齿与内齿之间保持一定的间隙，以便补偿被连接的两根轴之间小量的偏移和倾斜（见图 2-10）。其倾斜角度 ω 和偏移量 a 应保持最小值，特别是接轴处于高速运转的情况时，根据标准规定 $\omega < 0°30'$。

2.1.4　四辊中厚板轧机工作机座

四辊中厚钢板轧机由于其刚度高、可采用较大直径的支撑辊，减轻了轧钢时工作辊的

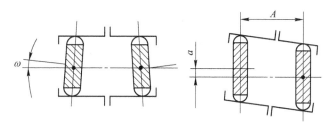

图 2 - 10 齿式联轴节的倾斜角和径向位移示意图

变形，所以道次压下量大、轧制效率高。近年来，在四辊轧机上又增加了厚度自动控制和弯辊装置，进一步提高了钢板的厚度精度和板形精度。四辊轧机还适于各种类型的控制轧制工艺，生产高质量中厚钢板。目前，无论在国外还是国内，四辊轧机已经成为生产中厚钢板的主要机型。

四辊板带轧机的工作机座一般包括下列几个组成部分：

（1）轧辊组件（也称辊系）由轧辊、轴承、轴承座等零部件组成；

（2）机架部件由左右机架、上下连接横梁、轨座等构件组成；

（3）压下平衡装置；

（4）轧辊的轴向调整或固定装置。

四辊轧机的结构如图 2 - 11 所示。

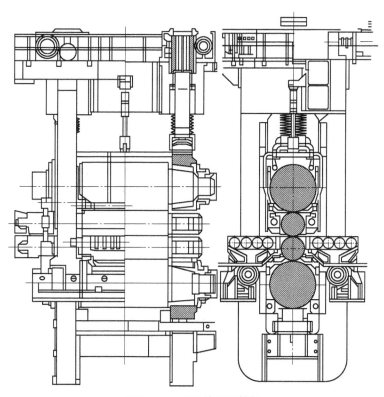

图 2 - 11 四辊轧机的结构

无论哪一种轧钢机，为了进行轧制，轧辊是必不可少的零件。既有轧辊，就必须具有轴承、轴承座、机架等起支持作用的零件。为了保证轧辊的开口度必须有压下调整装置。

压下装置有手动的、电动的、液压传动的及电动—液动的，根据轧机的类型不同而采用不同的形式。平辊的钢板轧机一般具有轴向固定装置，在特殊形式的轧机上为了得到正确的辊缝形状，必须有轧辊的轴向调整装置。

2.1.5　轧制区其他设备

2.1.5.1　除鳞设备

用于去除一次氧化铁皮的除鳞设备通常装在离加热炉出炉辊道较近的地方，其结构如图2-12所示。在辊道的上下各设有两排或三排喷射集管，喷嘴装在喷头端部，喷嘴轴线与铅垂线成50°~150°角并迎着板坯前进方向布置，便于吹掉氧化铁皮。从喷嘴喷射出来的水流覆盖着板坯的整个宽度，并使各水流之间互不干扰。上集管根据板坯厚度的变化设计成可以升降的形式。为加强清除氧化铁皮的效果，采用的高压水压力不断提高，最近广泛采用的压力从过去的10MPa提高到15~20MPa。

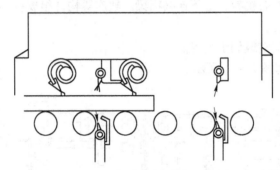

图2-12　高压水除鳞装置示意图

去除二次氧化铁皮的高压水集管设置在轧机前后。宽厚钢板轧机的高压水集管采用分段配置，以便轧制不同宽度钢板时灵活使用。去除一次氧化铁皮的除鳞箱与去除二次氧化铁皮的除鳞箱多数共用一个高压水水源。在系统中设有储压罐，用于在除鳞的间歇期间储存水泵送来的高压水，使除鳞时高压水具有较强的冲击力。这样不但可以增强除鳞效果，而且还可以减少水泵的容量。

2.1.5.2　轧辊冷却装置

为了减少轧辊的磨损、提高轧辊的使用寿命，必须对中厚板轧机轧辊进行冷却。如果能够对轧辊辊身中间部分和两个端部独立地变化冷却水量，将会对调整轧辊辊形起到一定的效果。用于冷却轧辊的水量，随着轧制钢板的厚薄而变化。轧制较薄钢板时，为了防止钢板降温过快通常采用较小的冷却水量。轧辊冷却水使用工业用水，其压力为0.2~0.8MPa。

2.1.5.3　旋转辊道、侧导板

设在轧机前后的辊道辊除了可与轧机轧辊协调一致地转动之外，在展宽轧制时还可以起到使板坯转向的作用，其原理如图2-13所示。辊道辊为阶梯形或圆锥形形状，相邻两

个辊交替布置且转动方向相反，这样使板坯产生旋转力矩而旋转。当不需旋转钢坯时，就使所有的辊道辊向同一方向转动，作为一般辊道辊使用。旋转辊道设置在轧机的前后，双机架布置时，通常在粗轧机上进行展宽轧制，所以只在粗轧机前后设置旋转辊道。

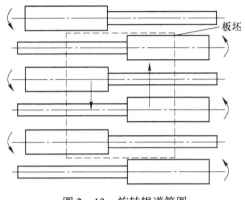

图 2 – 13　旋转辊道简图
----板坯所处位置

侧导板是用来将轧件准确地导向至轧机中心线上进行轧制而设置在轧机前后的一种装置。通常采用齿轮齿条装置，使左右侧导板对称同步动作，在旋转钢坯时侧导板也起到重要的辅助作用。考虑到轧件的弯曲、滑动等因素，设定的侧导板宽度要稍宽于钢板宽度。为了避免板坯撞击侧导板损坏机械主体，侧导板通常设有安全装置。此外，由于可以利用侧导板夹住钢板读出钢板宽度，因此也可以起到测宽仪的作用。

2.2　中厚板生产工艺

热轧中厚板生产工艺流程：

（1）坯料准备工艺流程：选择坯料（种类、尺寸）→坯料清理→坯料检验→合格坯料。

（2）加热工艺流程：装炉→加热（控制加热时间、温度、速度和炉内气氛）→出炉。

（3）轧制工艺流程：除鳞→粗轧→精轧。

（4）精整工艺流程：矫直→冷却→表面检查→缺陷清理→剪切→（抛丸处理或热处理）→检验→标记→入库。

2.2.1　原料选择与加热

2.2.1.1　原料选择

选择合理的原料种类、尺寸并且保证其质量是钢板优质高产的基础。

（1）原料的种类。用于生产中厚钢板的原料有扁钢锭、初轧板坯、锻压坯、压铸坯和连铸板坯几种。除特厚或特殊要求小批量的产品，仍采用扁钢锭、初轧板坯、锻压坯或压铸坯外，一般均用连铸坯做原料。

（2）原料的尺寸。原料的尺寸即原料的厚度、宽度和长度，它直接影响着轧机的生产率、坯料的成材率以及钢板的力学性能。原料尺寸的选择原则是：原料的厚度尺寸在保证钢板压缩比的前提下应尽可能小。不同的原料压缩比的大小也不相同，一般认为连铸坯的压缩比为 3~5（也有资料认为应大于 8），扁锭的压缩比为 6（也有资料认为应在 12~15 以上），而模铸的初轧坯由于已在初轧机上变形，在中厚板轧机上的压缩比可不受限制。随着炼钢技术的发展和钢质的提高，连铸坯质量也不断提高，压缩比逐渐减小。目前可用 300mm 厚的连铸坯生产 80mm 以下的中厚板，其压缩比仅有 3.7。

　　厚度大于 150mm 的厚钢板只能采用锻压坯作为原料，但这种原料成本很高，而且要由有大型水压机的机械厂提供坯料，很不方便。目前日本正在研究采用单向凝固铸造钢锭的方法生产大型扁平钢锭。该法是将以往的二维凝固变为一维凝固，通过使钢锭的凝固界面由底部向上方生成，使凝固界面的进行方向与溶质富集的钢液的上浮方向保持一致，防止溶质富集的钢液凝固出现条纹，减少倒 V 形偏析、显微偏析及疏松，得到优质钢锭。日本神户制钢公司加古川厂采用 1250mm × 2700mm × 800mm 单向凝固的钢锭轧制成 200mm 厚板，压缩比只有 4，力学性能、内部组织都达到了要求。

　　原料的宽度尺寸应尽量大，使横轧操作容易。原料的长度尺寸应尽可能接近原料的最大允许长度。原料尺寸的选择还需满足轧机设备和加热炉的各种限制条件，并且也要照顾到炼钢车间的生产。

　　(3) 原料的材质。原料的材质首先是要保证材料符合标准对该钢种提出的化学成分的要求。目前钢水净化技术已在国际上被普遍使用，使钢中的杂质含量（质量分数）大为减少，可达到 $w(P+S) < 0.003\%$，$w(H_2) < 0.0001\%$，$w(O_2) < 0.002\%$，$w(AS) < 0.004\%$，$w(SN) < 0.004\%$，$w(Sb) < 0.0006\%$。其次要保证钢锭或连铸坯的浇铸质量。

　　(4) 原料表面缺陷的清理。原料在进行加热前要进行表面清理。清理方法分热状态下清理和冷状态下清理两种。热状态清理一般为火焰清理。火焰清理机安装在连铸机（或开坯机）和切割机（或大型剪断机）之间，对板坯进行全面的剥皮处理，清理深度一般为 0.5~5mm。全面剥皮清理可以保证板坯的表面质量，但金属消耗较大。冷态清理方法有局部火焰清理、风铲铲削、砂轮研磨、机床加工和电弧清理等，对缺陷严重部分也可用切割方法去除。由于板坯表面缺陷被隐藏在氧化铁皮之下或位于皮下区域，因此是比较难以发现的。解决这个问题的最合理办法是生产无缺陷连铸坯，即生产既无表面缺陷又无内部缺陷的高温连铸坯。

2.2.1.2　加热

　　原料加热的目的是使轧制原料在轧制时有好的塑性和低的变形抗力。对于某些高合金钢钢锭，加热还可以使钢中化学成分得到均匀扩散。

　　生产中厚板用的加热炉按其结构分为连续式加热炉、室式加热炉和均热炉三种。均热炉用于由钢锭轧制特厚钢板。室式炉适用于特重、特轻、特厚、特短的板坯，或多品种少批量及合金钢的坯或锭，生产比较灵活。连续式加热炉适用于少品种、大批量生产，加热坯料的重量一般小于 30t。

　　由于现代中厚板轧机已经很少使用钢锭作为原料，因此作为钢锭加热的主要设备——均热炉或车底式炉在中厚板车间中已很少见或不是主要的。从发展的趋势来看，中厚板生产今后也会和其他产品一样走向连铸—连轧的技术道路，但目前来看还只能是达到连铸—热送轧制或连铸—热装轧制的水平，也就是说，加热炉即使在全部以连铸坯为原料的中厚板厂中也是不能取消的。

用于板坯加热的连续式加热炉主要是推钢式连续加热炉和步进梁式连续加热炉。20世纪60年代以前主要采用上部、下部加热段，上部均热段的三段推钢式连续加热炉。20世纪70年代后已采用预热、加热、均热各段上下都加热的五段推钢式或步进梁式连续加热炉，使炉子全部都成为燃烧区，加热能力从三段式的 80~100t/h，大幅度提高到 150~300t/h。

在加热炉的质量控制上为了减少黑印，在推钢式加热炉中都采用了热滑轨全架空加热炉，消除了冷却管与板坯的直接接触，提高了坯料加热的均匀性。但其主要缺点是板坯下表面容易在推钢前进时被擦伤并易于翻炉。板坯尺寸和炉子长度（即炉子产量），也受到限制，而且排空困难，劳动条件差。采用步进梁式加热炉可以避免以上缺点，特别是板坯受到四面加热，加热均匀，有利于消除下表面的划伤和适应板坯厚度尺寸的变化，即使加热薄板坯炉子长度仍然可以很大。但其投资较大，结构复杂，维修较难，热量单耗大，并且由于支持梁妨碍辐射，使板坯上下表面往往仍有一些温度差。因此目前厚板轧机的加热炉仍然是这两种形式并存。

为了减少在出炉时板坯表面的损伤，现代厚板轧机加热炉的出料都采用出钢机以代替斜坡滑架和缓冲器进行出料的方式。

连续式加热炉不能对少量板坯作特殊加热，故在有些厚板厂中为了需要加工一些批量不大的特厚钢板、复合钢板，还同时建有一二座室式加热炉，由机械手完成出装炉作业。

提供优质的加热板坯除要选择合理的加热炉型外，还要靠合理的热工制度来保证，它包括确定加热温度、加热速度、加热时间、炉温制度及炉内气氛等。合理的热工制度就是要能提供满足轧机产量需要、温度均匀、不产生各种加热缺陷、表面氧化铁皮最少的钢坯，同时能使燃料消耗最低。

2.2.2 轧制

轧制是中厚板生产的钢板成形阶段。中厚板的轧制可分为除鳞、粗轧、精轧 3 个阶段。

2.2.2.1 除鳞

除鳞是将在加热时生成的氧化铁皮（初生氧化铁皮）去除干净，以免压入钢板表面形成表面缺陷。初生氧化铁皮要在轧制开始阶段去除，因为这时氧化铁皮尚未压入钢中，易于去除，同时清除面积小。

清除氧化铁皮的方法很多，在旧的中厚板轧机上曾经采用投入竹枝、荆条、食盐等方法去除初生氧化铁皮，但效果不好，以后也曾经采用专门的二辊轧机、立辊轧机给钢坯（或钢锭）以小的变形量使氧化铁皮与金属分离，然后用高压水或高压空气将氧化铁皮冲去。这种方法虽然可以获得较好的清除氧化铁皮效果，但是投资较大。现代化的中厚板轧机上已经普遍采用造价低廉的高压水除鳞箱，它能满足清除初生氧化铁皮的需要，这种情况已成定局。用高压水泵将高压水供给除鳞箱，水压过去一般在 10~12MPa，这一压力偏低。现在要保证喷口压力在 15~20MPa 以上。对合金钢板因氧化铁皮与钢板间结合较牢，要求高压水压力取高值。喷水除鳞是在箱体内完成的，起到安全和防水溅的作用。除鳞装置的喷嘴可以根据板坯的厚度来调整喷水的距离，以获得更好的效果。

在以钢锭为原料的中厚板厂采用立辊轧机还是有必要的。一是立辊可以挤破钢锭外表面的初生氧化铁皮，然后再用高压水冲去，这比单用高压水去除氧化铁皮效果更好；二是立辊还起到去除钢锭锥度的作用。

为了去除轧制过程中生成的次生氧化铁皮，在轧机前后都需要安装高压水喷头。在粗轧、精轧过程中都要对轧件喷几次高压水。

2.2.2.2　粗轧

粗轧阶段的主要任务是将板坯或扁锭展宽到所需要的宽度并进行大压缩延伸。根据原料条件和产品要求，可以有多种轧制方法供选择。这些方法是全纵轧法、综合轧制法、全横轧制法、角轧—纵轧法。

A　全纵轧法

所谓纵轧就是钢板的延伸方向与原料（钢锭或钢坯）纵轴方向相一致的轧制方法。当原料的宽度稍大于或等于成品钢板的宽度时就可不用展宽轧制，而直接纵轧轧成成品，所以称全纵轧法。全纵轧法由于操作简单所以产量高，轧制钢锭时钢锭头部的缺陷不致扩展到钢板的全长上去。但全纵轧法由于在轧制中（包括在初轧开坯时）轧件始终沿着一个方面延伸，使钢中偏析和夹杂等呈明显的带状分布，带来钢板组织和性能的各向异性，使横向性能（尤其是冲击性能）降低。全纵轧法由于无法用轧制方法调整原料的宽度和钢板组织性能的各向异性，因此在实际生产中用得并不多。

B　综合轧制法

综合轧制法即横轧—纵轧法，如图 2 - 14 所示。所谓横轧即是钢板的延伸方向与原料的纵轴方向相垂直的轧制。综合轧制法一般分为三步：首先纵轧 1 ~ 2 道次平整板坯，称为成形轧制；然后转 90°进行横轧展宽，使板坯的宽度延伸到所需的板宽，称为展宽轧制；最后再转 90°进行纵轧成材，称为延伸轧制。综合轧制法是生产中厚板中最常用的方法。其优点是：板坯宽度不受钢板宽度的限制，可以根据原料情况任意选择，比较灵活，由于轧件在横向有一定的延伸，改善了钢板的横向性能。通常连铸坯的规格尺寸比较少，因此更适合采用综合轧制法。但此法在操作中从原料到横轧、从横轧到纵轧，轧件共有两次90°旋转，因此使产量有所降低，并易使钢板成桶形，增加切边损失，降低成材率。此外由于板坯横向延伸率还不大，使钢板组织性能各向异性改善还不够明显，横向性能仍然容易偏低。

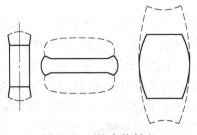

图 2 - 14　综合轧制法

C 全横轧法

全横轧法即将板坯进行横轧直至轧成成品，如图2-15所示。此法只能用于板坯长度大于或等于钢板宽度时。当用连铸板坯作为原料时，采用全横轧法与采用全纵轧法一样会造成钢板组织性能明显的各向异性。但如果用初轧板坯作为原料，那么由于初轧时轧件的延伸方向与厚板轧制时的延伸方向相垂直，因而大大地改善钢板的各向异性，显著改善钢板的横向性能。为使钢板性能较为均匀，应该在由钢锭算起的总变形中使其纵向和横向的压下率相等。根据这一原则就可以确定中厚板轧制所需的板坯厚度，即从 $H_0/h_1 = h_1 + h_2$ 的原则出发选择板坯厚度，$h_1 = (H_0 \cdot h_2)^{1/2}$（式中 H_0 为钢锭平均厚度；h_1 为板坯厚度；h_2 为钢板厚度）。此外全横轧法比综合轧制法可以得到更整齐的边部，钢板不易成桶形，因而减少了切损。还由于全横轧法比综合轧制法减少一次转钢时间，使产量有所提高。因此全横轧法经常用于以初轧坯为原料的中厚板生产。但由于受到钢坯长度规格数量的限制，调整钢板宽度的灵活性小。

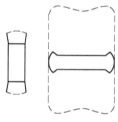

图2-15 全横轧法

D 角轧—纵轧法

所谓角轧就是将轧件纵轴与轧辊轴线成一定角度送入轧辊进行轧制的方法，如图2-16所示。其送入角在15°~45°范围内变化，每一对角线轧制1~2道次后即更换到另一对角线进行轧制。轧件在角轧时每轧一道次都会使轧件在原宽度方向得到一定延伸而使宽度加大，同时轧件会变成平行四边形。当轧件转向另一对角线轧制时，轧件宽度继续加大，而轧件从平行四边形回到矩形。轧件每轧制一道次其轧后宽度可按式（2-1）求出：

$$B_2 = \frac{B_1\mu}{[1 + \sin^2\delta(\mu^2 - 1)]^{1/2}} \tag{2-1}$$

式中 B_1, B_2——轧制前、后钢板的宽度；

δ——该道次的送入角；

μ——该道次的延伸系数。

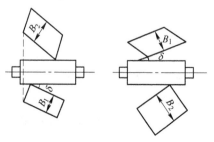

图2-16 角轧法

角轧法的优点是可以改善咬入条件，减少咬入时产生的巨大冲击力，而且角轧时轧件和轧辊的接触宽度小于横轧，因而也使轧制压力减小，从而改善了板形，提高了产量。对于过窄的板坯采用角轧法可以防止轧件在导板上"横搁"。角轧—纵轧法由于使轧件在纵、横两个方向上都得到变形，因而能改善轧件的各向异性。其缺点是需要拨钢，因而使轧制周期延长，降低了产量，而且送入角及钢板形状难以控制，使切损增大，成材率降低，劳动强度大，操作复杂，难以实现自动化。因此角轧—纵轧法只用在以钢锭为原料的三辊劳特式轧机上。

2.2.2.3 精轧

精轧阶段的主要任务是质量控制，包括厚度、板形、表面质量、性能控制。轧制的第二阶段粗轧与第三阶段精轧间并无明显的界限。通常把双机座布置的第一台轧机称为粗轧机，第二台轧机称为精轧机。对两架轧机压下量分配上的要求是希望在两架轧机上的轧制节奏尽量相等，这样才能提高轧机的生产能力。一般的经验是在粗轧机上的压下量约占80%，在精轧机上约占20%。

2.2.3 平面形状控制

20世纪70年代后，世界上中厚板生产已从单纯追求产量到更重视产品质量、降低成本、能耗和原材料上来，提高收得率就是达到这一目的的有效手段。对于中厚钢板生产影响收得率的因素中平面形状不良（影响切头、切尾和切边）造成的收得率损失约占49%，占总收得率损失的5%~6%。因此中厚板生产轧制阶段的任务就从过去对产品尺寸的一般要求发展到要使钢板轧后平面形状接近矩形。据统计日本中厚板收得率从1970年的80%提高到1979年的90.5%，其中60%是靠提高连铸比，40%是靠许多新的轧制方法，其中包括平面形状控制法。目前国外先进水平切头、切尾仅为200mm，成材率可大于96%。而我国的实际切头、切尾为500~2500mm，成材率为75%~90%。

2.3 中厚板板形控制技术

2.3.1 板形的基本概念

实际上，板形是指成品带钢断面形状和平直度两项指标，断面形状和平直度是两项独立指标，但相互存在着密切关系。

严格来说，板形又可分为视在板形与潜在板形两类。所谓视在板形，就是指在轧后状态下即可用肉眼辨别的板形；潜在板形是在轧制之后不能立即发现，而要在后部加工工序中才会暴露。例如，有时从轧机轧出的板材看起来并无浪瓢，但一经纵剪后，即出现旁弯或者浪皱，于是便称这种轧后板材具有潜在板形缺陷。我们的总目标是要将视在板形或潜在板形都控制在允许的范围之内，而并不仅仅满足于轧后平直即可。

图2-17给出了断面厚度分布的实例，轧出的板材断面呈鼓肚形，有时带楔形或其他不规则的形状。这种断面厚差主要来源于不均匀的工作辊缝。如果不考虑轧件在脱离轧辊

后所产生的弹性恢复，则可认为，实际的板材断面厚差即等于工作辊缝在板宽范围内的开口度差。

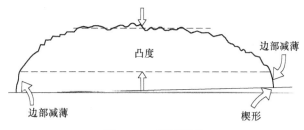

图 2 - 17　断面形状

2.3.2　影响辊缝形状的因素

如若忽略轧件本身的弹性变形，钢板横断面的形状和尺寸，取决于轧制时辊缝（工作辊缝）的形状和尺寸，因此造成辊缝变化的因素都会影响钢板横断面的形状和尺寸。影响辊缝形状的因素有：

（1）轧辊的热膨胀；

（2）轧制力使辊系弯曲和剪切变形（轧辊挠度）；

（3）轧辊的磨损；

（4）原始辊型；

（5）VC 辊 HCW 轧机、CV 轧机或 PC 轧机对辊型的调节；

（6）弯辊装置对辊型的调节。

2.3.2.1　影响轧辊的热膨胀

轧制时高温轧件所传递的热量，由于变形功所转化的热量和摩擦（轧件与轧辊、工作辊与支撑辊）所产生的热量，都会引起轧辊受热而使之温度增高。相反，冷却水、周围空气介质及轧辊所接触的部件，又会散失部分热量而使温度降低。在轧制中沿辊身长度方向上，轧辊的受热和散热条件不同，一般是辊身中部较两侧的温度高，因而辊身由于温度差产生一相对热凸度。

对二辊轧机的有效热凸度为：

$$\Delta D_{\mathrm{t}} = K\alpha\Delta T_{D}D \qquad (2-2)$$

对四辊轧机的有效热凸度为

$$\Delta d_{\mathrm{t}} = K\alpha\Delta T_{d}d \qquad (2-3)$$
$$\Delta D_{\mathrm{t}} = K\alpha\Delta T_{D}D$$

式中　D，d——轧机的大辊、小辊直径，mm；

　　　　ΔT_{D}——大辊辊身中部与边缘的温差，ΔT_{D} 通常为 $10\sim30℃$；

　　　　ΔT_{d}——小辊辊身中部与边缘的温差，ΔT_{d} 通常为 $30\sim50℃$；

　　　　α——膨胀系数，钢轧辊 $\alpha = 1.3\times10^{-5}/℃$，铸铁辊 $\alpha = 1.1\times10^{-5}/℃$；

　　　　K——约束系数，当轧辊横断面上温度均匀分布时，$K = 1$，当轧辊表面温度高于芯部温度时，$K = 0.9$。

2.3.2.2　轧辊挠度

在轧制压力的作用下，轧辊要发生弹性变形，自轧辊水平轴线中点至辊身边缘 $L/2$ 处轴线的弹性位移，称为轧辊的挠度。热轧钢板当轧件厚度较大、而轧制力不太高时，只考虑轧辊的弹性弯曲，而轧件较薄轧制力又很大时，还要考虑轧辊的弹性压扁。

2.3.2.3　轧辊的磨损

在轧制中工作辊与支撑辊均将逐渐磨损（后者磨损较轻），轧辊磨损则使辊缝形状变得不规则。影响轧辊磨损的主要因素是工作期内实际磨耗量（或轧辊凸度的磨损率，即轧制每张或每吨钢板轧辊凸度的磨损量）以及磨损的分布特点。不同的轧机由于轧制品种、规格及生产次序、批量的不同，磨损规律不一样，在辊型使用和调节时通常使用其统计数据。

2.3.2.4　原始凸度

轧辊磨削加工时所预留的凸度称为磨削凸度，又称为原始凸度。一般轧机在工作之初总要赋予轧辊一定的凸度，正或负，这样就可以在原始凸度、热凸度、轧辊挠度的共同作用下，保证一定的辊缝凸度，最终得到良好的板形。

2.3.2.5　VC 辊

VC 支撑辊带有辊套，内有油槽，用高压油来控制辊套鼓凸的大小以调整辊型。此支撑辊具有较宽范围的板形控制能力，在最大油压 49MPa 时，VC 辊膨胀量为 0.261mm，其构造如图 2 – 18 所示。

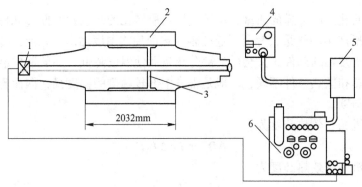

图 2 – 18　VC 辊的构造
1—回转接头；2—辊套；3—油沟；4—操作盘；5—控制盘；6—油泵

2.3.2.6　CVC 系统

CVC 辊为 Continuously Variable Crown 的缩写，当带有瓶状辊型的工作辊在相对向里或向外抽动时空载辊缝形状将变化。

正向抽动定义为加大辊型凸度的抽动方向。轧辊抽动量一般为 ± (80 ~ 150) mm，CVC

辊的辊型过去采用二次曲线，目前已开始采用高次（含3次以及4次）曲线以利于控制更宽更薄的板带。图2-19中CVC辊型曲线为了示意而被夸大，实际上辊型最大和最小直径之差不超过1mm，当辊型曲线中最大最小直径相差太大时将使轴向力过大而无法应用。工作辊双向抽动不仅用于CVC也可用于平辊，此时主要目的不是用来改变轧辊凸度，而是用来使轧辊得到均匀磨损（特别是带边接触处），这将使同宽度轧制公里数大为提高，因此对连铸连轧生产线十分有用。

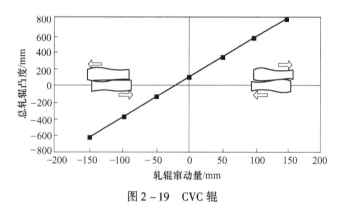

图2-19 CVC辊

CVC辊技术在热轧时仅用于空载时辊缝形状的调节，因此主要用于板形设定模型对辊缝形状的设定，在线控制一般只用弯辊进行，但目前也在研究当热轧采用润滑油轧制时是否将CVC用于在线调节。

2.3.2.7 PC轧机

PC轧机为Pair Cross的缩写，即上下工作辊（包括支撑辊）轴线有一个交叉角，上下轧辊（平辊）当轴线有交叉角时将形成一个相当于有辊型的辊缝形状，此时边部厚度变大，中点厚度不变，形成了负凸度的辊缝形状（相当于轧辊具有正凸度）。因此PC辊为了得到正凸度辊缝形状就必须采用带有负辊凸度的轧辊。

轧辊交叉调节出口断面形状的能力相对较大（见图2-20），但是由于轧辊交叉将产生较大的轴向力，因此交叉角不能太大否则将影响轴承寿命，目前一般交叉角不超过1°。

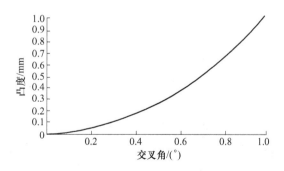

图2-20 PC轧机的凸度调节能力

PC辊在应用中的另一个问题是轧辊的磨损，为此目前PC轧机都带有在线磨辊装置以保持辊缝形状的稳定。

2.3.2.8　HCW 轧机

HCW 为 High Crown Work 的缩写，HCW 为四辊轧机，通过工作辊的抽动来改变与支撑辊的接触长度及改变辊系的弯曲刚度。

HCW 轧机的工作原理和结构也是在传统的四辊轧机的基础上发展起来的，四辊轧机工作辊和支撑辊有效接触长度是不变的，且总是大于轧制带钢的宽度，这使带钢宽度以外的接触部位成为有害接触区，它迫使工作辊承受了支撑辊作用的一个附加弯曲力，由此使工作辊挠度变大而导致带钢板形变坏和边部减薄，也是这个接触面妨碍了工作辊的弯辊作用没得到有效的发挥，这就是四辊轧机横向厚度和板形调节能力较差的根本原因；HCW 轧机改变了工作辊和支撑辊接触应力状态，从根本上克服了有害接触，再配合弯辊装置，HCW 轧机具有很好的板形控制能力，能稳定地轧出良好的板形。

2.3.2.9　弯辊装置

弯辊装置由于响应快，并能在轧钢过程中调节出口带钢凸度，因此作为一种基本设置与 CVC、PC 或 HC 技术联合应用。

几种常见的液压弯辊类型如图 2 – 21 所示，分为工作辊弯辊和支撑辊弯辊两种。图 2 – 21(a) 是利用装在工作辊轴承座之间的液压缸使工作辊发生正弯的工作辊弯辊装置，图 2 – 21(b) 是利用装在工作辊轴承座与支撑辊轴承座之间的液压缸使工作辊产生负弯的工作辊弯辊装置。

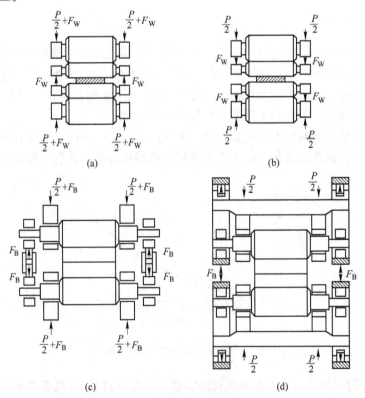

图 2 – 21　弯辊装置的类型

支撑辊弯辊类型有两种，一种是在上、下两个支撑辊的轴承座之间装入液压缸，同时使上、下支撑辊发生弯曲，这种弯辊装置的弯辊力将转化成轧制负载出现，称为门式支撑辊弯辊装置（见图 2 – 21）。图 2 – 21(b) 是梁式支撑辊弯辊装置，它是在上、下支撑辊与其平行的横梁间分别装入液压缸，在液压缸作用下使支撑辊发生弯曲，而不使弯辊力作用到轧机牌坊上，因此弯辊力将不影响轧制负荷，所以对实现 AGC 自动控制有利。

液压弯辊方式选择的一般原则是：工作辊辊身长度 L 与直径 D 之比 $L/D < 3.5 \sim 4$ 时，宜采用弯工作辊方式；$L/D > 3$ 时，宜采用弯支撑辊方式。

工作辊弯辊装置比较简单，并可安装在现有轧机上。支撑辊弯辊装置一般认为比工作辊弯辊装置更为有效，但结构复杂，投资大，维修较困难，通常适用于新设计的轧机。

最新的厚板轧机，一般不采用弯辊系统，这是因为通过增加支撑辊直径以及根据钢板尺寸采取足够的轧辊凸度和最佳轧制力分配等措施，可以更简单地获得均匀的厚度和良好的板形。例如日本新建的三套 5500mm 宽厚板轧机，支撑辊加大到 2400mm，均未设弯辊装置。

2.3.3　普通轧机板形控制方法

对于普通的四辊轧机，常用的板形控制方法有设定合理的轧辊凸度、合理的生产安排、合理制定轧制规程、调温控制法。

2.3.3.1　调温控制法

人为地改变辊温分布，以达到控制辊型的目的。对于采用水冷轧辊的钢板热轧机，如发现辊身温度过高，可适当增大轧辊中段或边部冷却水的流量以控制热辊型，相反，如发现辊身温度偏低，可适当减小轧辊中段或边部冷却水的流量以控制热辊型。

调温控制法是生产中常用的辊型调整方法，多半由人工根据料形与厚差的实际情况进行辊温调节。由于轧辊本身热容量大，升温或降温需要较长的过渡时间，辊型调节的反应很慢，因此，次品多且急冷急热容易损坏轧辊。对于高速轧机，仅仅靠调节辊温来控制辊型不能很好地满足生产发展的要求。

2.3.3.2　合理的生产安排

在一个换辊周期内，一般是按下述原则进行安排：先轧薄规格，后轧厚规格；先轧宽规格，后轧窄规格；先轧软的，后轧硬的；先轧表面质量要求高的，后轧表面质量要求不高的；先轧比较成熟的品种，后轧难轧的品种。如某车间，在换上新辊之后，一般是先轧较厚、较窄的成熟品种，即烫辊材，以预热轧辊使辊型能进入理想状态。然后，逐渐加宽、减薄（过渡材），当热辊型达到稳定（轧机状态最佳），开始轧制最薄最宽的品种，随着轧机的磨损，又向厚而窄的品种过渡，一直轧到换辊为止。一个换辊周期内产品规格的安排，如钢锭形，如图 2 – 22 所示。

2.3.3.3　设定合理的轧辊凸度

辊型设计的内容包括确定轧辊的总凸度值、总凸度值在一套轧辊上的分配以及确定辊面磨削曲线。

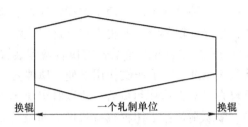

图 2 - 22　产品宽度规格安排的弯辊装置的类型

四辊轧机轧辊磨削凸度的分配原则有两种，一种是两个工作辊平均分配磨削凸度，两个支撑辊为圆柱形；另一种为磨削凸度集中在一个工作辊上，其余三个轧辊都为圆柱形。后一种方法便于磨削轧辊。

2.3.3.4　合理制定轧制规程

轧制负荷的变化导致了辊缝凸度的变化，为了保证钢板板形良好，生产中必须首先对轧机各道次的负荷进行合理分配。前面的道次主要考虑轧机强度和电机能力等设备条件的限制，后面道次主要考虑如何得到良好的板形。这种方法制定轧制规程时，一般只考虑到压下量大小（或轧制力）对板形的影响，而未估计到轧制过程中轧辊热膨胀和磨损等变化因素对板形的影响，因而不能保证每一张钢板都得到良好的板形。鉴于此，可以采用动态负荷分配法计算轧机预设定值。它在实际计算过程中是根据每一张钢板轧制时的实际状况，从板形条件出发，充分考虑到轧辊辊型的实时变化，因此这一方法尤其适合于生产中经常变换规格的情况，对于新换轧辊或停车时间较长的情形也能很快得到适应，轧出具有良好板形的钢板来。

2.4　中厚板轧制工艺制度制定

2.4.1　制定生产工艺

根据车间设备条件及原料和成品的尺寸，生产工艺过程一般如下：原料的加热→除鳞→轧制（粗轧、精轧）→矫直→冷却→划线→剪切→检查→清理→打印→包装。

加热的目的是为了提高塑性，降低变形抗力；板坯加热时宜采用步进底式连续加热炉；加热温度应控制在 1250℃ 左右，以保证开轧温度达到 1200℃ 的要求。另外，为了消除氧化铁皮和麻点以提高加热质量，可采用"快速、高温、小风量、小炉压"的加热方法。该法除能减少氧化铁皮的生成外，还提高了氧化铁皮的易除性。

除鳞是将坯料表面的炉生和次生氧化铁皮清除干净以免轧制时压入钢板表面产生缺陷，它是保证钢板表面质量的关键工序。炉生氧化铁皮采用大立辊侧压并配合高压水的方法清除，没有大立辊时采用高压水除鳞箱除鳞也能满足除鳞要求。次生氧化铁皮则采用轧机前后的高压水喷头喷高压水的方法来清除。

板坯的轧制有粗轧和精轧之分，但粗轧与精轧之间无明显的划分界限。在单机架轧机上一般前期道次为粗轧，后期道次为精轧；对双机架轧机通常将第一架称为粗轧机，第二架称为精轧机。粗轧阶段主要是控制宽度和延伸轧件。精轧阶段主要使轧件继续延伸同时进行板形、厚度、性能、表面质量等控制。精轧时温度低、轧制压力大，因此压下量不宜过大。

中厚板轧后精整主要包括矫直、冷却、划线、剪切、检查及清理缺陷，必要时还要进行热处理及酸洗等，这些工序多布置在精整作业线上，由辊道及移送机纵横运送钢板进行作业，且机械化自动化水平较高。

2.4.2 制定压下规程

（1）确定板坯长度。板坯长度依据毛板尺寸和板坯断面尺寸按体积不变定律求出。

确定毛板尺寸时一般取轧件轧后两边剪切余量为 $\Delta b = 100\text{mm} \times 2$，头尾剪切余量为 $\Delta l = 500\text{mm} \times 2$。

（2）确定轧制方法。主要是确定粗轧操作方法。粗轧操作方法主要有：

1）全纵轧法——当板坯宽度达到毛板宽度要求时采用。它的优点是产量高，但钢板组织和性能存在严重的各向异性，横向性能特别是冲击韧性太低。

2）横轧—纵轧法——当板坯宽度小于毛板宽度而长度又大于毛板宽度时采用。其优点是板坯宽度与钢板宽度可灵活配合，钢板的横向性能有所提高（因横向延伸不大），各向异性有所改善；缺点是轧机产量低。

3）纵轧—横轧法——当板坯长度小于毛板宽度时采用。由于两个方向都得到变形且横向延伸大，钢板的性能较高。

4）角轧—纵轧法——当轧机强度及咬入能力较弱（如三辊劳特轧机）时或板坯较窄时采用。

5）全横轧法——当板坯长度达到毛板宽度要求时采用。

（3）分配各道压下量，排出压下规程表。采用按经验分配压下量再校核、修正的设计方法。

（4）校核咬入条件。按 $\Delta h_{\max} = D_{\min}(1 - \cos\alpha_{\max})$ 计算最大压下量，并使 $\Delta h_i \leqslant \Delta h_{\max}$。热轧钢板时最大咬入角为 $15° \sim 22°$，并按最小工作直径计算。

2.4.3 确定速度制度

（1）选择各道咬入、抛出转速、限定转速。结合现场经验确定。当轧制速度较高时，为了减少空转时间，抛出转速可适当取低些。最后一道由于与下一板坯第一道轧辊转向相同，轧辊不需反转而只需调整辊缝即可，故可取 $n_p = n_d$。

（2）确定各道间隙时间。根据经验资料，在四辊轧机上往返轧制过程中，不用推床定心（$l < 3.5\text{m}$）时，取 $t_j = 2.5\text{s}$；若用推床定心，则当 $l \leqslant 8\text{m}$ 时，取 $t_j = 6\text{s}$，当 $l > 8\text{m}$ 时，取 $t_j = 4\text{s}$。当轧件需回转时，间隙时间要取大些。

（3）确定速度图形式。中厚板生产中，由于轧件较长，为方便操作，采用梯形速度图。

（4）计算各道纯轧时间，确定轧制延续时间。

$$\text{纯轧时间 } t_{zh} = \text{加速轧制时间} + \text{稳定轧制时间} + \text{减速轧制时间}$$

$$\text{加速轧制时间} = \frac{n_d - n_y}{a} \tag{2-4}$$

$$减速轧制时间 = \frac{n_{\mathrm{d}} - n_{\mathrm{p}}}{b} \qquad (2-5)$$

$$稳定轧制时间 = \frac{1}{n_{\mathrm{d}}}\left[\frac{60l}{\pi D} + \frac{n_{\mathrm{y}}^2}{2a} + \frac{n_{\mathrm{p}}^2}{2b} - \frac{(a+b)n_{\mathrm{d}}^2}{2ab}\right] \qquad (2-6)$$

若轧件是在稳定转速下咬入、轧制、抛出的，即整个轧制过程中转速不变，则 $t_{\mathrm{zk}} = l\sqrt{\dfrac{\pi D n_{\mathrm{d}}}{60}}$。

（5）绘制速度图。

2.4.4 校核轧机

（1）计算各道次轧制温度。要计算各道次轧制温度，首先必须计算各道次的温度降

$$\Delta t = 12.9 \times \frac{z}{h} \times \left(\frac{T_1}{1000}\right)^4 \qquad (2-7)$$

式中 Δt——相邻两道次间的温度降，℃；

　　　h——前一道次轧出厚度，mm；

　　　T_1——前一道轧制温度，K；

　　　z——前后两道次间的时间间隔，s。

则每道次的轧制温度为：$T_1 - \Delta t/℃$。

另外，由于轧件头部和尾部温度降不同，为设备安全着想，确定各道温度降时应以尾部为准（因尾部轧制温度比头部低）。

（2）计算各道次变形程度。变形程度为

$$\varepsilon = \frac{\Delta h}{H} \times 100\% \qquad (2-8)$$

（3）计算各道次平均变形速度。轧制板带钢时平均变形速度 $\bar{\varepsilon} \approx \dfrac{2v\sqrt{\dfrac{\Delta h}{R}}}{H+h}$，式中 v 为轧制速度，对于变速轧制的可逆轧机可取最大轧制速度。

（4）确定各道次变形抗力。变形抗力的确定可先根据相应道次的变形速度、轧制温度由该钢种的变形抗力曲线查出变形程度为 30% 时的变形抗力，再经过修正计算即可得出该道次实际变形程度时的变形抗力。

$$\sigma_{\mathrm{s}} = K \cdot \sigma_{\mathrm{s}30\%}$$

（5）计算各道次平均单位压力。热轧中厚板生产时，平均单位压力用西姆斯公式计算

$$\bar{p} = 1.15\sigma_{\mathrm{s}} \cdot \eta'_{\sigma} \qquad (2-9)$$

式中 η'_{σ}——应力状态影响系数，可由美坂佳助公式计算

$$\eta'_{\sigma} = \frac{\pi}{4} + 0.25\frac{l}{h} \qquad (2-10)$$

（6）计算各道次总压力，校核轧机能力。各道次轧制总压力为 $P = \bar{p} \cdot F = \bar{p} \cdot bl$。若 $P_{\max} < [P]$，则轧机强度足够。

2.4.5 校核电机

（1）计算各道次轧制力矩。轧制力矩为

$$M_z = 2P\psi \sqrt{R\Delta h} = 2P\psi l \tag{2-11}$$

式中 ψ——力臂系数，$\psi = 0.4 \sim 0.5$。

（2）计算各道次附加摩擦力矩。附加摩擦力矩由轧辊轴承中的摩擦力矩 M_{m1} 和轧机传动机构中的摩擦力矩 M_{m2} 两部分组成。

在四辊轧机上，轧辊轴承中的摩擦力矩由下式计算：

$$M_{m1} = Pfd_z \left(\frac{D_g}{D_z} \right) \tag{2-12}$$

式中 f——支撑辊轴承的摩擦系数。

d_z——支撑辊辊颈直径。

D_g，D_z——工作辊和支撑辊辊身直径。

轧机传动机构中的摩擦力矩 M_{m2} 由连接轴、齿轮机座、减速机和主电机联轴器等四个方面的附加摩擦力矩组成，可按式（2-13）计算：

$$M_{m2} = \left(\frac{1}{\eta} - 1 \right) \frac{M_z + M_{m1}}{i} \tag{2-13}$$

式中 η——由电机到轧辊的总传动效率，为各传动部分传动效率的乘积。

i——由电机到轧辊的总传动比。

（3）计算空转力矩。轧机空转力矩 M_K 根据实际资料可为电机额定力矩的 $3\% \sim 6\%$。

（4）计算动力矩。当轧辊转速发生变化时要产生动力矩。此处由于采用稳定速度咬入，即咬钢后并不加速，而减速阶段的动力矩使电机输出力矩减小。故在计算最大电机力矩时都可以忽略不计。

（5）确定各道次总传动力矩。总传动力矩为

$$M = M_{z/i} + M_m + M_K + M_d$$

（6）绘制电机负荷图。表示电机传动力矩（负荷）随时间而变化的图示即为电机负荷图。当轧机转速 n 大于电机额定转速 n_H 时，电机将在弱磁状态下工作，此时在相应阶段的传动力矩值应当修正。修正后的传动力矩为

$$M' = M \cdot \frac{n}{n_H} \tag{2-14}$$

2.5 中厚板生产仿真操作

轧钢机仿真实训系统软件利用计算机软件三维成像技术和硬件技术相结合，虚拟出一个与轧钢机相似的工作环境，在虚拟的环境下迅速完成对轧钢机操作和工作环境的熟悉。这里以星科轧钢仿真实训系统为例来进行中厚板生产操作的学习。

2.5.1 加热炉仿真操作

2.5.1.1 加热炉工艺流程界面

点击"加热炉工艺流程"按钮，即可进入加热炉工艺流程界面。

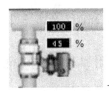

（1）空气支管阀门开度：　　　　　　　　　　上面显示设定开度，下面显示实际开度。

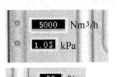

（2）支管空气流量和压力：

（3）上排烟支管阀门开度：

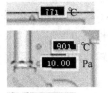

（4）上排烟支管温度和压力：

（5）炉墙温度：

（6）炉膛温度和压力：

（7）下排烟支管阀门开度：

（8）煤气支管阀门开度：

（9）煤气支管流量和压力：

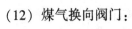

（10）温度上限及开度上下限：　　　　　　当本段的炉膛温度超过上限温度时，开度上下限起作用，即煤气阀门的开度只能在开度上下限之间。

（11）空气换向阀门：　　　　　　　　　　红色为换向完成，浅绿色为换向中。

（12）煤气换向阀门：

（13）煤气支管工作状态显示： 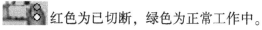 红色为已切断，绿色为正常工作中。

（14）氮气支管工作状态显示： 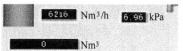 红色为已切断，绿色为通氮进行中。

（15）煤气总管流量压力总消耗：  Nm³

（16）煤气总管工作状态显示： 绿色为正常工作中，红色为已切断。

A　紧急四段煤气切断

点击"紧急四段煤气切断"按钮，可以快速切断总阀按钮，操作终止。总阀状态变为红色，且各流量变为0，如图2-23所示。

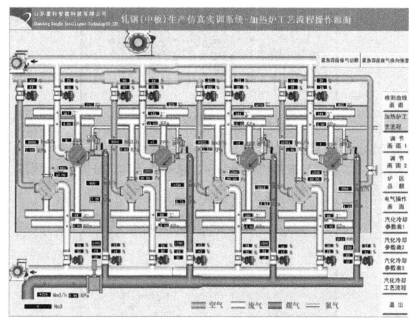

图2-23　紧急四段煤气切断

B　紧急四段煤气换向恢复

点击"紧急四段煤气换向恢复"按钮，可以使加热操作继续，总阀状态变为绿色，且各流量恢复，如软件主界面所示。

C　换向操作

点击各加热段的换向阀 <!-- image --> ，可以弹出相应的换向操作界面，如点预热段中的换向阀，可以弹出如图2-24的预热段换向阀界面。

（1）手动控制。点"手动控制"按钮，可切换到手动控制中，"手动控制"按钮变为绿色，"自动控制"、"定时"、"定温"按钮均变为红色，意味处于手动控制中，如图2-24所示，点"手动换向"按钮，可以手动地将预热段进行换向。

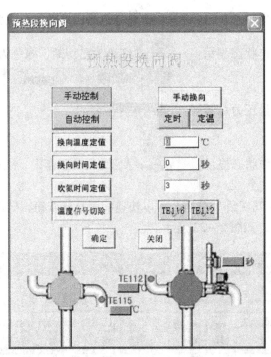

图 2 – 24　预热段换向阀

（2）自动控制。点"自动控制"按钮，可切换到自动控制中，"手动控制"按钮变为红色，"自动控制"、"定时"按钮均变为绿色，意味处于自动控制中，且默认为定时起作用，如图 2 – 25 所示。

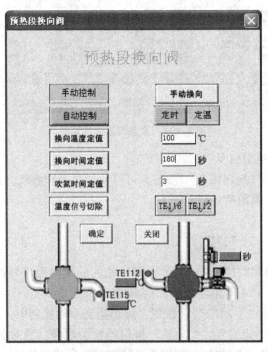

图 2 – 25　预热段换向阀（自动—定时）

点"定时"按钮,"定时"变为绿色,而"定温"变为红色,这时,程序将根据设定的时间进行换向,但是温度优先,如图2-25所示。当时间未到180s,而温度达到设定值时,将会进行换向,当时间达到180s,而温度未达到设定值,也将会进行换向。

点"定温"按钮,"定温"变为绿色,而"定时"变为红色。这时,程序将根据设定的温度进行换向,当温度达到设定值时,才会进行换向,而对于时间将无效。

D 极限设定

点击各加热段的温度上限设置、开度上限设置、开度下限设置,可以弹出如图2-26所示的数据输入窗口,从而对每段加热炉的上限温度和上下限开度进行设置。

图2-26 数值设置输入框

注意: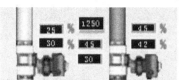中,中间一列的第一个文本框为上限温度,第二个文本框为最大开度设定,第三个文本框为最小开度设定。当本段的炉膛温度超过上限温度时,开度上下限起作用,即煤气阀门的开度只能在开度上下限之间。

2.5.1.2 调节画面1

点"调节画面1"按钮,即可进入调节画面1界面,如图2-27所示。

(1)操作模式。点"手动/自动"切换按钮(MAN 手动、 AUTO 自动),可以进行操作模式切换。自动中,开度将会自动计算;手动中,将手动进行开度调节。

(2)显示模式。点"显示模式"切换按钮,即 按钮,可以进行显示模式切换。不同的显示模式,将会在 790 MAN 中的文本框中显示不同的数值。当SP变为绿色 SP PV 时,将显示设定值,而当PV变为绿色 SP PV 时,将显示实际值。

(3)开度调节。点 ◀ 按钮时,开度值将减小1个开度,点 ◀ 按钮不放,开度值将不断减小,当鼠标松开,将不再减小。

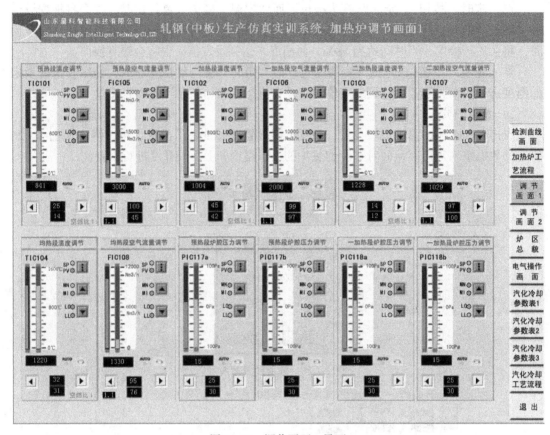

图 2 - 27　调节画面 1 界面

　　点 ▶ 按钮时,开度值将增大 1 个开度,点 ▶ 按钮不放,开度值将不断增大,当鼠标松开,将不再增大。

　　(4) 数值调节。点 ▼ 按钮时,数值减小,点 ▼ 按钮不放,数值将不断减小,当鼠标松开,将不再减小。点 ▲ 按钮时,数值增大,点 ▲ 按钮不放,数值将不断增大,当鼠标松开,将不再增大。

2.5.1.3　调节画面 2

　　点 "调节画面 2" 按钮,即可进入调节画面 2 界面,如图 2 - 28 所示。

　　调节画面 2 中的工艺流程与调节画面 1 中的工艺流程相同,将不再说明,详情请参见调节画面 1 中的操作说明。

2.5.1.4　炉区总貌

　　点 "炉区总貌" 按钮,即可进入炉区总貌界面,如图 2 - 29 所示。

　　A　基本操作

　　批次选择 : 当前一选中批次已经装炉完毕时,点击该按钮可以选择下一批次继续装炉,如图 2 - 30 所示;当前批次未装炉完成时,点击该按钮可以查看分配给自己的未装炉批次，如图 2 – 31 所示。

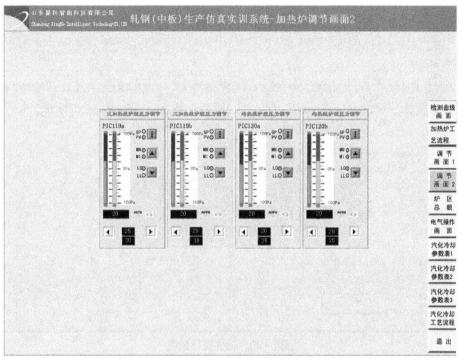

图 2 – 28　调节画面 2 界面

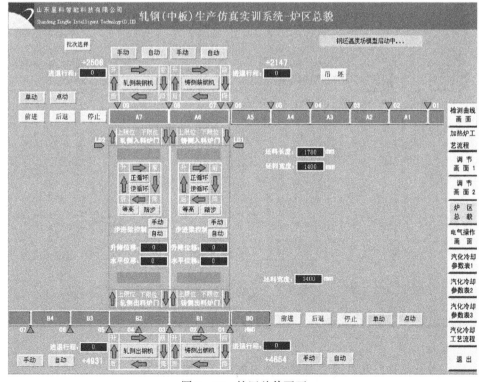

图 2 – 29　炉区总貌画面

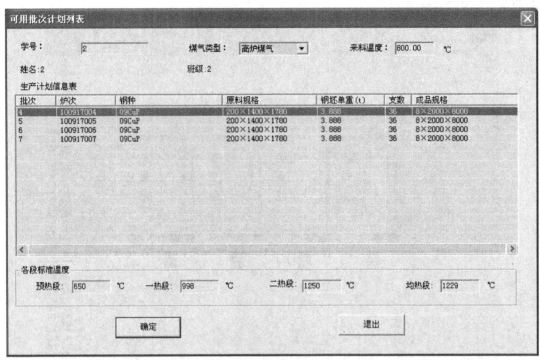

图 2 - 30　批次选择画面

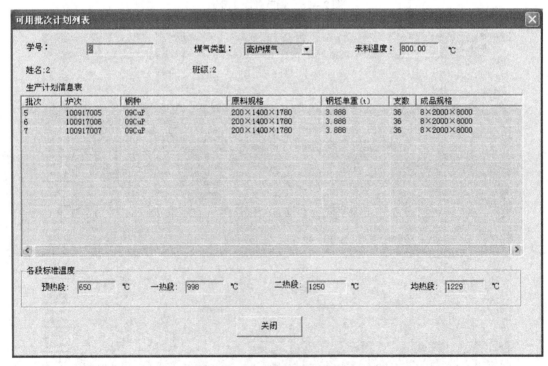

图 2 - 31　批次浏览画面

吊坯：点“吊坯”按钮将会看到虚拟界面中执行吊坯操作。

B 操作模式

（1）手动：点相应的"手动"按钮，则相应的装钢机、出钢机、步进梁等就进入手动模式中，可进行相应的前进 ⇒ 、后退 ⇐ 、上升 ⬆ 、下降 ⬇ 、等高 等高 、踏步 踏步 操作。

（2）自动：点相应的"自动"按钮，则相应的装钢机、出钢机、步进梁等就进入自动模式中，可进行相应的 轧侧装钢机 、 铸侧装钢机 、 正循环 、 逆循环 操作。

（3）点动：点相应的"点动"按钮，则相应的辊道就进入点动模式中，只有一直点着"前进"、"后退"按钮时，才会有动作，鼠标松开，即停止。

（4）单动：点相应的"单动"按钮，则相应的辊道就进入单动模式中，点"前进"、"后退"按钮时，会一直有动作，直到点"停止"按钮时，才会停止操作。

C 装钢机、出钢机、步进梁、辊道操作

（1）⇒：如果未在前进中，即"前"状态为白色状态时，点相应的 ⇒ 按钮，则相应的装钢机、出钢机、步进梁就进行前进动作；"前"状态由白色变为黑色，意味前进中，即由 前 变为 前 ，当前进到一定限位后，前进操作将自动停止，即"前"状态变为白色。如果在前进中，点相应的 ⇒ 按钮，将会停止前进，"前"状态变为白色。

（2）⇐：如果未在后退中，即"后"状态为白色状态时，点相应的 ⇐ 按钮，则相应的装钢机、出钢机、步进梁就进行后退动作；"后"状态由白色变为黑色，意味后退中，即由 后 变为 后 ，当后退到一定限位后，后退操作将自动停止，即"后"状态变为白色。如果在后退中，点相应的 ⇐ 按钮，将会停止后退，"后"状态变为白色。

（3）⬆：如果在未上升中，即"升"状态为白色状态时，点相应的 ⬆ 按钮，则相应的装钢机、出钢机、步进梁就进行上升动作；"升"状态由白色变为黑色，意味上升中，即由 升 变为 升 ，当上升到一定限位后，升操作将自动停止，即"升"状态变为白色。

如果在上升中，点相应的 ⬆ 按钮，将会停止上升，"升"状态变为白色。

（4）⬇：如果在未下降中，即"降"状态为白色状态时，点相应的 ⬇ 按钮，则相应的装钢机、出钢机、步进梁就进行下降动作；"降"状态由白色变为黑色，意味下降中，即由 降 变为 降 ，当下降到一定限位后，降操作将自动停止，即"降"状态变为白色。

如果在下降中，点相应的 ⬇ 按钮，将会停止下降，"降"状态变为白色。

（5）正循环：点装钢机中的 轧侧装钢机 或 铸侧装钢机 按钮、点步进梁中 正循环按钮，则相应地进行一次正循环动作，即上升——→ 前进——→ 下降——→ 后退。

（6）逆循环：点出钢机中的 轧侧出钢机 或 铸侧出钢机 按钮、点步进梁中 逆循环 按钮，则相应地进行一次逆循环动作，即前进——→ 上升——→ 后退——→ 下降。

（7）等高：点步进梁中的 等高 按钮，相应的步进梁执行等高操作。

（8）踏步：点步进梁中的 踏步 按钮，相应的步进梁执行踏步操作。

（9）前进：点相应的辊道中的"前进"按钮，相应的辊道进行前进操作，相应的画面上会看到前进指示 ——→ 。

（10）后退：点相应的辊道中的"后退"按钮，相应的辊道进行后退操作，相应的画面上会看到后退指示 ←—— 。

（11）停止：点相应的辊道中的"停止"按钮，相应的辊道进行停止操作，相应的画面上会看到前进与后退指示消失。

装钢机、出钢机、步进梁动作的限制有：

（1）同侧的装钢机、步进梁、出钢机不能同时动作。

（2）两侧的装钢机、两侧的出钢机、两侧的步进梁不能同时动作。

（3）进钢侧有钢坯时步进梁不能逆循环，出钢侧有钢时步进梁不能正循环。

（4）批次的第一块钢装炉时两侧的钢坯必须在合适位置，步进梁移动次数为 4 的整数倍。

（5）正在装炉的批次没有完成时，如果进钢侧没有钢，步进梁不能正循环。

D　炉门操作

（1）⬆️：点相应的 ⬆️ 按钮，则相应的炉门进行炉门上升动作，"上限位"与"下限位"状态都变为白色 上限位 下限位 ，即上升中；当上升到一定限位后，"上限位"变为黑色 上限位 下限位 。

（2）⬇️：点相应的 ⬇️ 按钮，则相应的炉门进行炉门下降动作，"上限位"与"下限位"状态都变为白色 上限位 下限位 ，即下降中；当下降到一定限位后，"下限位"变为黑色 上限位 下限位 。

2.5.2　粗轧仿真操作

2.5.2.1　选择批次

如图 2-32 所示的界面，可以选择轧制批次，显示相应批次的规格、上下表温度和钢种。

选择批次，可以使用鼠标点击生产计划信息表中的一项，所点击的整行呈深色选中状态显示。此时钢块号后面显示钢块号 1，温度后面显示钢块号 1 的温度，如图 2-33 所示。

点击右侧列表中的项，会显示当前选中批次相应坯号的信息，如图 2-34 所示。

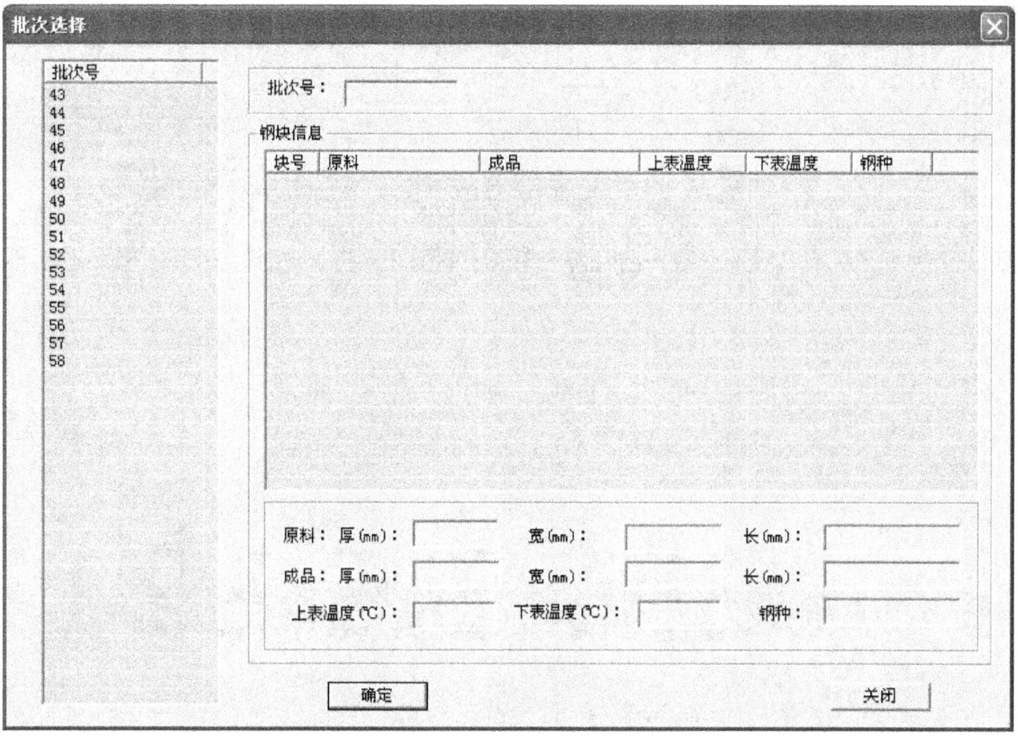

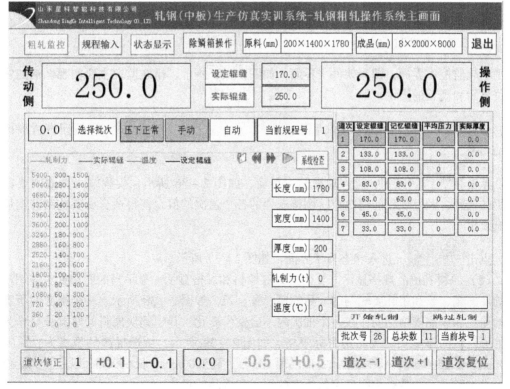

图 2-32 批次计划表

图 2-33 选择批次

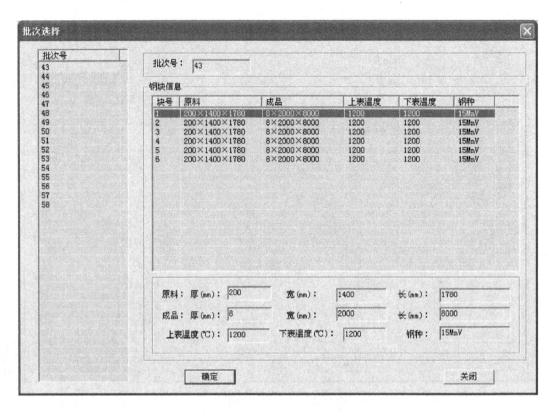

图 2 - 34　显示所选钢块的信息

2.5.2.2　粗轧监控主界面

粗轧监控主界面，即为软件主界面，如图 2 - 35 所示。粗轧监控主要实现轧钢的实时数据显示和规程的微调。

（1）画面切换。可以在顶端点击 粗轧监控 、 规程输入 、 状态显示 按钮进行界面之间的切换。

点击 规程输入 按钮，进入规程输入界面，如图 2 - 36 所示。规程输入页面主要完成规程的选择，调整规程的道次数，调整规程的各个道次的值，使得适合所要轧制的钢块的轧制要求。

点击 状态显示 ，进入状态显示界面，如图 2 - 37 所示。

（2）原料和成品规格显示。页面上方有原料和规格显示，显示当前所选批次的钢块原料的厚、宽、长和粗轧要轧制的成品的厚、宽、长，如图 2 - 38 所示。一个批次的所有钢块的原料和成品规格相同，在一个批次内不会发生变化。其中钢块原料的厚宽长是作为粗轧的原材料的厚宽长。成品是目标规格。如图 2 - 38 所示，所选批次的规格为：原料厚 200mm，宽 1400mm，长 2200mm；成品厚 10mm，宽 2000mm，长 6000mm 以上。当选择另一个批次时显示的数据为刚选定的批次的原料和成品的规格。

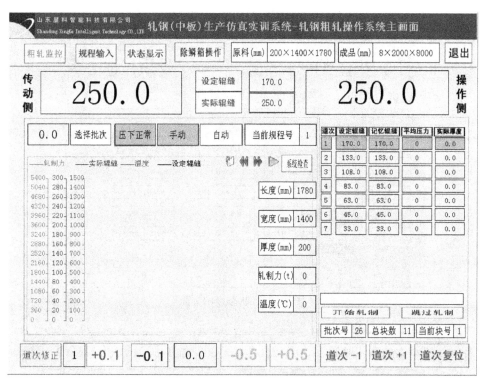

图 2-35　粗轧监控主界面

图 2-36　规程输入页面

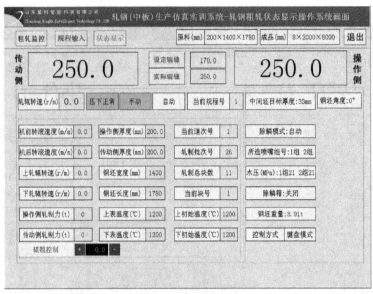

图 2 - 37　状态显示页面

图 2 - 38　原料和成品规格显示

（3）辊缝值显示。页面上有传动侧辊缝值、操作侧辊缝值、实际辊缝值、设定辊缝值的显示，如图 2 - 39 所示。实际最大辊缝值为 250mm。传动侧和操作侧的值是实际的两侧的辊缝值，两侧辊缝相差很小。传动侧和操作侧两侧辊缝值的平均值是实际辊缝。

图 2 - 39　辊缝值显示

（4）传动侧辊缝值显示。传动侧是指控制室看不到的主轧辊的一侧。传动侧的辊缝就是操作侧所对那侧的实际辊缝值。当传动侧辊缝值为 169.9mm、操作侧辊缝值为 170.3mm 时，实际辊缝值为两侧辊缝值的平均值 170mm，则传动侧辊缝值显示如图 2 - 40 所示。

图 2 - 40　传动侧辊缝值显示

（5）操作侧辊缝值显示。操作侧是指控制室看到的主轧辊的一侧。操作侧的辊缝就是这面的实际辊缝的值。当操作侧辊缝值 170.3mm 时，则操作侧辊缝值显示如图 2 - 41 所示。

图 2 - 41　操作侧辊缝值显示

（6）实际辊缝值显示。实际辊缝是操作侧和传动侧辊缝值的平均值。实际辊缝就是实际辊缝的高度。在轧钢过程中它会随着操作侧和传动侧辊缝的值一起变化，如图2-42所示。

图2-42 实际辊缝值显示

（7）设定辊缝值显示。设定辊缝是规程的设定辊缝值，用来调整实际的辊缝的值，从而进行轧钢。当轧钢时，正在使用第几个道次轧钢，设定辊缝显示的就是规程第几个道次的设定辊缝值。设定辊缝会随着规程道次的变化而变化。当前将要使用第一个规程的第一个道次进行轧钢，规程的第一个道次的设定辊缝值为170.0，设定辊缝显示170.0，如图2-43所示。

图2-43 设定辊缝显示

（8）主轧辊转动速度显示。主轧辊转动是在手动调整辊缝方式下，通过扳动主传动手柄来完成的。主轧辊转动的转速数值为-100~100r/min，显示的符号代表方向，正数表示正转，负数表示反转，数值是转动的转数。当为0时表示主轧辊转动停止。在界面的选择批次前边的框中显示主轧辊转速。

主轧辊转动停止转速显示如图2-44所示。

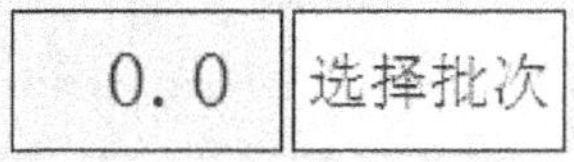

$$\boxed{0.0}\ \boxed{选择批次}$$

图2-44 主轧辊转动停止线速度显示

主轧辊最大正转转速显示如图2-45所示。

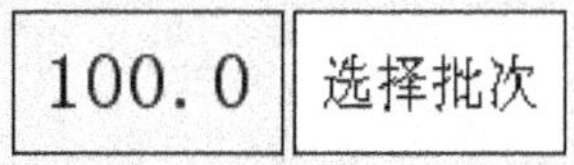

$$\boxed{100.0}\ \boxed{选择批次}$$

图2-45 主轧辊最大正转转速显示

主轧辊正转转速10.2r/min时，转速显示如图2-46所示。

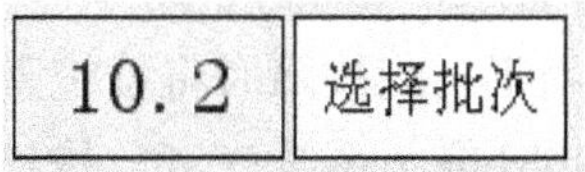

$$\boxed{10.2}\ \boxed{选择批次}$$

图2-46 正转转速10.2r/min显示

主轧辊反转和正转类似，只是符号不同而已，如主轧辊反转转速10.2r/min时，转速显示如图2-47所示。

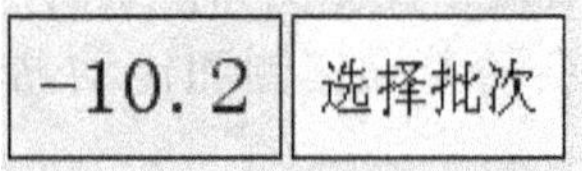

$$-10.2 \quad 选择批次$$

图 2 - 47　反转转速 10.2r/min 显示

2.5.3　精轧仿真操作

操作监控页面如图 2 - 48 所示，主要功能有：

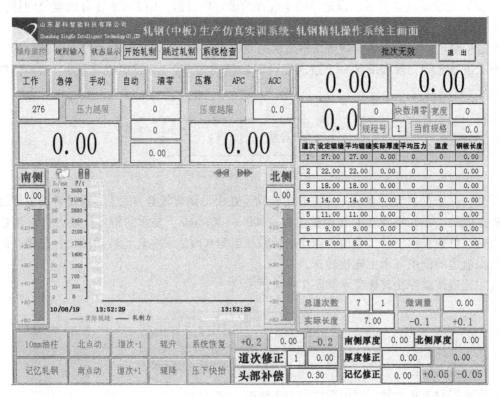

图 2 - 48　操作监控页面

（1）"工作"按钮： 工作 用于在工作状态和停止状态之间切换。按钮为绿色表示工作状态，按钮为灰色表示停止状态。进入工作状态时液压开始给油，油柱增长至 10mm；进入停止状态时停止给油，油柱消失。

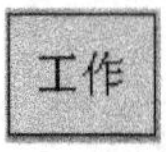

（2）"急停"按钮： 急停 用于出现故障时将系统紧急停止。按钮为绿色表示急停状态，为灰色表示退出急停状态，此时按"系统恢复"按钮可以将系统复位。

（3）"手动"按钮： 手动 用于在手动状态和非手动状态之间切换。按钮为绿色表示系统处于手动状态，灰色表示非手动状态。只有在手动状态下，才能通过手柄控制轧辊升降，调节辊缝大小。

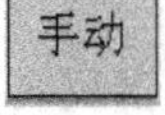

（4）"自动"按钮： 自动 用于在自动状态和非自动状态之间切换。按钮为绿色表示系统处于自动状态，灰色表示非自动状态。只有在自动状态下，才能选择"APC"或"AGC"进行自动轧钢。

（5）"压靠"按钮： 压靠 在"电动辊缝"最小时，用液压将"轧制力"提升到1000t。和"清零"按钮配合完成系统辊缝调零。

（6）"清零"按钮： 清零 将"电动辊缝"值和"实际辊缝"值都清为零。在压靠之后清零，以完成系统辊缝调零。

（7）"APC"按钮： APC 在 APC 状态和非 APC 状态之间切换。APC（自动程序控制）通过调整"电动辊缝"实现辊缝的自动调整，从而完成自动轧钢。

（8）"AGC"按钮： AGC 在 AGC 状态和非 AGC 状态之间切换。AGC（自动液压控制）在"电动辊缝"不变的情况下，通过调整油柱的高度，完成辊缝的自动调整，以实现自动轧钢。

（9）"10mm 油柱"按钮： 10mm油柱 在非 APC 状态下使用，可以将油柱高度复位成10mm。辊缝值和液压站压力不变。

（10）"记忆轧钢"按钮： 记忆轧钢 在自动工作状态下（APC 或者 AGC），可以使用当前规程进行记忆轧钢，即以当前规程的"平均辊缝"值为"设定辊缝"值进行轧钢。按钮为绿色表示记忆轧钢状态，灰色表示非记忆轧钢状态。

（11）"北点动"按钮： 北点动 进行板型调整。点击该按钮可以使北侧（传动侧）辊缝上升 0.025mm，南侧（操作侧）辊缝下降 0.025mm。

（12）"南点动"按钮： 南点动 进行板型调整。点击该按钮可以使南侧（操作侧）辊缝上升 0.025mm，北侧（传动侧）辊缝下降 0.025mm。

（13）"道次 –1"按钮： 道次-1 自动轧钢时，将辊缝值调整为上一个道次的设定辊缝值。

（14）"道次 +1"按钮： 道次+1 自动轧钢时，将辊缝值调整为下一道次的设定辊缝值。

（15）"辊升"按钮： 辊升 对辊缝进行微调。轧钢过程中，在辊缝摆好之后，还能使用该按钮增大辊缝值，每次 0.1mm。

（16）"辊降"按钮： 辊降 对辊缝进行微调。轧钢过程中，在辊缝摆好之后，还能使用该按钮减小辊缝值，每次 0.1mm。

（17）"系统恢复"按钮： 系统恢复 用在退出"急停"状态之后，使系统重新初始化，进行系统复位。

（18）"压下快抬"按钮： 压下快抬 在自动工作状态下使用，可以将辊缝快速调整到当前规程第一道次的设定辊缝值高度。

（19）整体道次修正按钮： +0.2 0.00 -0.2 可以对当前规程所有道次的设定辊缝值进行以 0.2mm 为单位的调整。中间显示的是累计调整值。

（20）单个道次修正按钮： 道次修正 1 0.00 点击左边的文本框并输入道次数，点击右边的文本框输入辊缝调整值（正加负减），可以对实现指定道次的设定辊缝值微调。注意：要先输入道次数，再输入辊缝调整值。

（21）"头部补偿"按钮： 头部补偿 0.30 点击文本框，在其中输入头部补偿值，该头部补偿设定值对以后轧制的所有钢块都有效，直到重新输入。

（22）"厚度修正"按钮： 厚度修正 0.00 0.00 点击文本框，在其中输入厚度补偿调整值（正加负减），可以修改当前"规程显示栏"中当前道次的"实际厚度"。文本框右面显示最后一次的厚度调整值。

（23）"记忆修正"按钮： 记忆修正 0.00 +0.05 -0.05 只能在记忆轧钢状态下使用，可以对记忆轧钢时的设定辊缝值进行以 0.05mm 为单位的调整，累计调整值显示在左边的文本框中。

（24）"微调量"按钮： 微调量 0.00 -0.1 +0.1 可以对当前规程所有道次的设定辊缝值进行以 0.1mm 为单位的调整，累计调整值显示在右上方的文本框中。

（25）"实际辊缝值"显示： 31.00 0 0.30 31.00 南侧 北侧 "南侧"标签上方显示的是南侧辊缝值，"北侧"标签上方显示的是北侧辊缝值。显示精度为 0.01mm。

（26）"辊缝差"显示：上图中，"实际辊缝值"之间下部的文本框显示的是南北侧的辊缝差。显示精度为 0.01mm。

（27）"平均轧制力"显示： 压力越限 0 压差越限 "压力越限"和"压差越限"标签之间的文本框显示南北侧轧辊的平均压力，即"平均轧制力"，单位为 t。

（28）"压力差"显示：在"平均轧制力"和"辊缝差"之间显示的是南北侧轧辊的压力之差，即"压力差"，单位为 t。

（29）"平衡压力"显示："压力越限"标签左边的文本框显示的是平衡弯辊的压力，单位为 t。

（30）"液压站压力"显示："压差越限"标签右边的文本框显示的是液压站压力，单位为 MPa。

（31）"压力越限"报警：当有一侧压力值超过 3300t 时，该标签背景颜色变为红色，警告压力已经越限。

（32）"压差越限"报警：当"压力差"超过 600t 时，该标签背景颜色变为红色，警告压力差已经越限。

（33）"南北侧油柱高度"显示：

"南侧"标签和"北侧"标签下面的文本框显示的分别是南侧油柱高度和北侧油柱高度，单位为 mm，精度为 0.01mm。

（34）"南北侧油柱高度"示意图：

在"南北侧油柱高度"显示文本框的下面，分别是"南北侧油柱高度"示意图，红色表示油柱，指示范围为 0~60mm。

（35）"实时曲线"显示：

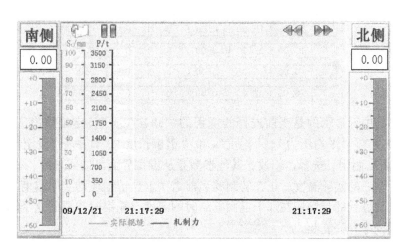

在"南北侧油柱"示意图之间是实时曲线的绘制区，用来监视实际辊缝值（红色）、轧制力（蓝色）、设定辊缝值（绿色）和钢坯温度（黄色）的变化。横轴为时间，可以显示前一分钟之内的参数曲线。

（36）"电动辊缝值"显示：

页面右上方的两个文本框显示的是南北侧"电动辊缝值",单位为 mm,精度为 0.01mm。

(37)"轧辊转速"显示: | 100.0 |

"电动辊缝"左下方的文本框显示的主轧辊转速,单位为 r/min,精度为 0.1r/min。咬钢速度控制在 40~60r/min 范围内,超出范围提示咬钢速度过高或过低。

(38)"累计块数"显示及"块数清零"按钮: | 1 | 块数清零

"电动辊缝"下面的文本框显示的累计轧制的钢块数目,点击旁边的"块数清零"按钮可以将其清零。

(39)"宽度"显示: 宽度 | 2000 |

宽度标签的右边文本框显示的是当前轧制钢块的宽度。

(40)"规程号"显示: 规程号 | 1 |

"规程号"标签的右面显示的是当前规程的编号,与"规程输入页面"的规程号相对应。

(41)"当前规格"显示: 当前规格 | 8.0 |

当前规格标签的右面显示的是当前规程的轧制规格,即目标钢板的厚度,单位为 mm。

(42)"当前规程"显示:

道次	设定辊缝	平均辊缝	实际厚度	平均压力	温度	钢板长度
1	27.00	27.00	0.00	0	0	0.00
2	22.00	22.00	0.00	0	0	0.00
3	18.00	18.00	0.00	0	0	0.00
4	14.00	14.00	0.00	0	0	0.00
5	11.00	11.00	0.00	0	0	0.00
6	9.00	9.00	0.00	0	0	0.00
7	8.00	8.00	0.00	0	0	0.00

页面右面的中部显示的是当前选择的规程的"道次"、"设定辊缝值"、"平均辊缝值"、"实际厚度","平均压力"、"温度"和"钢板长度"。其中,"设定辊缝值"是在"规程输入界面"制定、选择、修改,其他参数是从虚拟界面反馈回来的。

温度显示钢坯的实际温度,正在轧制的当前道次上显示钢坯的实时温度,正在轧制的道次以前的道次显示的是钢坯在那个道次轧制时的温度。轧钢时需要看这个温度数值,温度在一定范围内才允许轧制。

(43)"总道次数"及"当前道次"显示: 总道次数 | 6 | 1 |

其中,左面的文本框显示的是当前规程的总道次数,右面的文本框显示的是当前选择的道次。

(44)"实际长度"显示: 实际长度 | 7.00 |

"实际长度"标签右面的文本框显示的是当前钢块的实际长度,单位为 m。

（45）"南北侧厚度"显示： 南侧厚度 33.99 北侧厚度 34.00

"南侧厚度"标签和"北侧厚度"标签右面的文本框显示的分别是钢板的南侧厚度和北侧厚度，单位为 mm，精度为 0.01mm。

（46）"批次选择及批次钢块显示"按钮： 批次：4 块数：1

页面的右上方为"批次选择及批次钢块显示"按钮，当前批次无效时按钮为红色并显示"批次无效"，可以通过点击该按钮选择批次；当前批次有效时按钮为绿色，并显示轧制钢块的批次号和块号。

（47）"退出"按钮： 退出 退出程序。

（48）"开始轧制"按钮： 开始轧制 点击后虚拟界面出现板坯，可以开始轧制。

（49）"跳过轧制"按钮： 跳过轧制 选择放弃本钢坯的轧制，点击后本钢坯不进行轧制，本钢坯也将不允许再进行轧制，可以用于异常板坯的处理。

（50）"系统检查"按钮： 系统检查 点击该按钮后会弹出如下对话框：

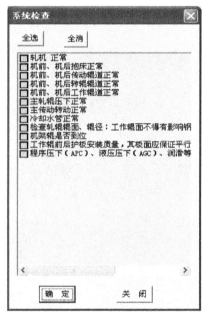

对需要进行检查的设备进行检查，打钩代表检查，不打钩代表不检查。

（51）"曲线显示控制"按钮："实时曲线"显示画面的上方为曲线回调按钮。

其中通过点击"打开"按钮 并选择批次号、块号可以查看历史曲线，此时"启动/停止"按钮 变为了 ，然后可以通过上下"翻页"按钮 查看该钢块前一分钟和后一分钟的历史曲线。再点击"启动/停止"按钮就可以显示实时曲线。显示实时曲线的状态下点击"启动/停止"按钮可以停止实时曲线。

思考题

2 - 1　中厚板车间布置形式有哪些?

2 - 2　中厚板的生产工艺流程是什么?

2 - 3　中厚板轧机的形式有哪些?

2 - 4　什么叫综合轧制法?

2 - 5　中厚板的压下规程怎么制定?

情境 3　热轧带钢生产工艺与设备

汽车工业、建筑工业、交通运输业等的发展使得热轧及冷轧薄钢板的需求量不断增加，从而促使热轧板带钢轧机的建设获得了迅速和稳定的发展。从提高生产率和产品尺寸精度、节能技术、提高成材率和板形质量、节约建设投资、减少轧制线长度实现紧凑化轧机布置到热连轧机和连铸机的直接连接布置，热轧板带钢生产技术经历了不同的发展时期。

1960 年以前建设的热带钢轧机称为第一代热带钢轧机。这一时期热带钢轧机技术发展比较缓慢，其中最重要的技术进步是将厚度自动控制（AGC）技术应用于精轧机，从根本上改善了供给冷轧机的原料板带钢的厚度差。

20 世纪 60 ~ 70 年代是热轧板带钢轧机发展的重要时期。同时连铸技术发展成熟，促使热连轧机从最初使用钢锭到使用连铸坯，从而大幅度提高产量并能够为冷轧机提供更大的钢卷。热轧板带钢轧机的生产工艺过程是钢铁工业生产中自动化控制技术最发达的工序。60 年代后新建的热带钢轧机很快采用了轧制过程计算机控制，将热轧板带钢轧机的发展推向一个新的发展阶段，这一时期新建的轧机称为第二代热带钢轧机。1969 年至 1974 年在日本和欧洲新建的轧机称为第三代热带钢轧机。

20 世纪 80 年代，板带钢生产更加注重产品质量，同时对于低凸度带材需求量不断增长，这使板带钢板形控制技术成为热轧板带钢轧制技术重要课题之一。90 年代，热轧板带钢在工艺方面有重大突破，1996 年日本川崎钢铁公司成功开发无头连续轧制板带钢技术，解决了在常规热连轧机上生产厚度 0.8 ~ 1.2mm 超薄带钢一系列技术难题。热连轧生产线的产品规格最薄达 0.8mm，但实际生产中并不追求轧制最薄规格，因为薄规格生产的故障率高，辊耗大，吨钢酸洗成本高等。待技术发展到故障率等降低后，才能经济地批量生产。

我国热连轧带钢的发展，大体经历了三个阶段。第一阶段，以大企业为主，以解决企业有无为主要目的的初期发展阶段。这个时期热轧板带钢轧机建设只能靠国家投入，由于资金、技术等限制，轧机水平参差不齐。1989 年投产的宝钢 2050mm 轧机代表了当时国际先进水平，采用了一系列最先进的热连轧生产技术。但是，这个时期投产的二手设备则是国外五六十年代的装备（1994 年投产的太钢 1549mm 轧机、梅钢 1422mm 轧机），整体技术水平相对落后，在安装过程中进行了局部改造，但整体技术水平提高有限。还有两套国产轧机投产：1980 年投产的本钢 1700mm 轧机和 1992 年投产的攀钢 1450mm 轧机，这两套轧机的整体水平不高，产品与国际水平差距较大。但在当时条件下，这几套轧机满足了国民经济建设的需要，同时培养了一大批技术人才。

第二阶段，全面提高技术水平，瞄准世界最高、最新技术，全面引进阶段。20 世纪 90 年代以后，各大企业均以引进国外最先进技术为主。如 1999 年投产的鞍钢 1780mm 轧机、1996 年投产的宝钢 1580mm 轧机，都是世界传统热连轧带钢轧机最先进水平的代表。除通常现代化轧机采用的先进技术以外，还采用了轧线与连铸机直接连接的布置形式、板坯定宽压力机、PC 板形控制系统、强力弯辊系统、轧辊在线研磨、中间辊道保温技术和带坯边部感应加热技术，轧机全部采用交流同步电机和 GTO 电源变换器及 4 级计算机控制，精轧机采用了全液压压下及 AGC 技术。国内还引进了三套薄板坯连铸连轧生产线，即 1999 年投产的珠钢 1500mm 薄板坯生产线、邯钢 1900mm 薄板坯生产线和 2001 年投产的包钢 1750mm 薄板坯生产线，这些生产线是当时世界最先进的薄板坯生产线。这些生产线的引进使我国拥有了新一代热连轧带钢生产技术。

　　第三阶段，这个阶段是近几年开始的，是以提高效益、调整品种结构、满足市场需要和提高企业竞争能力为目的的发展阶段。由于近年国家经济快速发展，对钢材需求不断增加，因此除国营大中型企业外，中小型企业，甚至民营企业都把生产宽带钢作为今后发展的重点，或引进，或采用国产技术，或建设传统热连轧宽带钢轧机，或建设薄板坯连铸连轧生产线。同时，这个阶段对引进的二手轧机和原技术较落后的国产轧机进行了全面技术改造，使其达到了现代化水平。国外刚出现的半无头轧制技术、铁素体加工技术、高强度冷却技术、新型卷取机等，在一些轧机上也已应用。目前我国热连轧技术装备已完全摆脱落后状态，并已处于世界先进水平之列。

3.1　热轧板带钢技术的发展现状

3.1.1　热轧板带钢的主要生产方式

3.1.1.1　行星轧机

　　由一个或两个支撑辊和围绕支撑辊四周的许多行星辊（工作轧辊）组成的轧机称为行星轧机。支撑辊为传动辊，按轧机方向旋转，行星辊除按反轧制方向"自转"外，还围绕支撑辊的转动方向"公转"。行星辊在轧制时无咬入能力，坯料须借送料机推力送入，所以行星轧机机组包括送料机。行星辊相继通过坯料变形区，似轧似锻周期性地压缩坯料。虽然每个行星辊压下量很小，但每秒内通过变形区的行星辊多达 100 对，所以轧制一道的压下率可达到 90% 以上。由于工作轧辊辊径很小，所以轧制压力低于同样压下率的其他轧机。由于轧辊多次压下累积的结果，带材上出现波纹，需在平整机上平整消除，所以行星轧机机组包括平整机。

3.1.1.2　叠轧

　　叠轧是将几层钢板叠在一起，用二辊轧机热轧成薄于 2mm 的薄板的工艺。18 世纪初，西欧就开始用热叠轧法轧制小块薄钢板。直到 20 世纪初，大部分热轧薄钢板都用此法轧制。有粗轧和精轧两工序，最初在单架二辊机上进行，以后分别在两架轧机上进行。也有用一架三辊劳特式轧机进行粗轧，产品供给两架二辊轧机精轧。叠轧法可生产厚 0.28 ~ 2.0mm，宽 750 ~ 1000mm，长 1500 ~ 2000mm 的热轧薄钢板，也可生产厚 2 ~ 4mm 的热轧钢板。产品主要有屋面板、酸洗板、镀锌板、搪瓷用钢板、油桶用薄板和硅钢片；此法也可生产不锈耐酸钢板和耐热钢板等。

　　叠轧薄板生产规模小，投资少，建设快；轧机的结构简单，为下辊单辊传动，不用齿轮机座。但缺点很多,高温叠轧容易产生叠层间黏结,废品量大;轧速低,热轧件薄而冷却快,又不能对轧辊进行冷却;采用温度在 400~500℃ 的热辊轧制,使生产难以准确控制,轧辊消耗量也很大;轧辊轴承需用沥青润滑,油烟很大,污染环境。此外,劳动生产率低,劳动强度高,操作条件恶劣;金属切损和烧损高,产品质量和尺寸精度低。一些工业发达国家已不再采用此法。

3.1.1.3 炉卷轧机

炉卷轧机技术,代表了当前炉卷轧机的最高新水平。其在轧机产品中具有多重优点,一方面可以满足中厚板轧制到带钢钢卷轧制的厚度变化,另一方面又能满足不同材料的轧制需求,如低碳钢、高强度钢、不锈钢板等,是一种产品规格变化灵活、适应性广的产品。

通过多年实践经验的积累,北京蒂本斯可为客户提供成熟可靠的炉卷轧机,该产品在生产工艺、机械设计、液压系统、电气和自动化系统设计和制造方面,都达到了世界一流的水平。

3.1.1.4 热连轧

用连铸板坯作为原料,经步进式加热炉加热,高压水除鳞后进入粗轧机,粗轧料经切头、切尾,再进入精轧机,实施计算机控制轧制,终轧后即经过层流冷却(计算机控制冷却速率)和卷取机卷取,成为直发卷。20 世纪 60 年代以来由于可控硅供电电气传动及计算机自动控制等新技术的发展,液压传动、升速轧制、层流冷却等新技术的发展,热连轧发展更为迅速。现代热连轧发展趋势和特点有:(1)为了提高产量而不断提高速度,加大卷重和主电机容量,增加轧机架数和轧辊尺寸,采用快速换辊机换剪刃装置,使轧制速度普遍超过 15~20m/s,甚至高达 30m/s 以上,卷重达 45t 以上,产品厚度扩大到 0.8~25mm,年产可达 300~600 万吨。但最近,大厂追求产量的势头已见停滞,而转向节约能耗和提高质量方向发展。(2)当前降低成本、提高经济效益、节约能耗、提高成材率成为关键问题,为此而迅速发展并开发了一系列新工艺新技术。突出的是普遍采用连铸坯及热装和直接轧制工艺、无头轧制工艺、低温加热轧制、热卷取箱和热轧工艺润滑及车间布置革新等。(3)为了提高质量而采用高度自动化和全面计算机控制,采用各种 AGC 系统和液压控制技术,开发各种控制板形的新技术和新轧机,利用升速轧制和层流冷却以控制钢板温度与性能。使厚度精度由过去人工控制的 ±0.2mm 提高到 ±0.05mm,终轧和卷取温度控制在 ±15℃ 以内。在工业发达国家中,热连轧带钢已占板带钢总量的 80% 左右,占钢材总产量的 50% 以上,因而在现代轧钢生产中占统治地位。

3.1.1.5 薄板坯连铸连轧

SMS 公司的薄板坯连铸连轧工艺中,出连铸机的薄板坯厚度一般在 50mm 以上,这样厚的板坯不仅要增加精轧的压缩率和精轧机设备,而且由于难以热卷取而只能放长条输送保温,大大增加了输送保温的设备和操作困难,并且使板坯氧化皮损失和散热损失成倍增长。因此,从连铸连轧工艺要求出连铸机的薄板坯厚度还应继续减小,最好小到 10~20mm,则一出连铸机便可进行热卷取,然后成卷保温输送至精轧机组轧制成材,这样其经济效益将更为显著。为此，MDH 公司开发的薄板坯连续铸轧技术可以铸轧出厚度在 15mm 以下的适于热卷取的板卷。该项技术的主要特点不仅在于采用直弧式结晶器，还在于连铸的同时可进行连续铸轧减薄。该公司于 1987 年 9 月在杜伊斯堡—胡金根的曼内斯曼钢厂经改造后的超低压头板坯连铸机上试验该项技术成功后，连续铸轧出了各类钢种和不同规格的薄板坯。试验生产结果表明，此项薄板坯连铸技术与最佳轧制工艺相配合，不但降低了投资与生产成本，而且使产品质量性能也大为改善，并可由连铸机直接生产合格的成品厚板。

3.1.2 带钢生产技术的进步

最近十几年，热连轧技术有了很大的进步，在热轧带钢轧机布置形式的发展方面主要有六种形式：

(1) 典型的传统热带钢连轧机组，这种机组通常是 2 架粗轧机、7 架精轧机、2 台地下卷取机，年总产量 350 万 ~ 550 万吨，生产线的总长度 400 ~ 500m，有一些新建的机组装备了定宽压力机 (SP)。这类轧机采用的铸坯厚度通常为 200 ~ 250mm，特点是产量高、自动化程度高、轧制速度高 (20m/s 以上)，产品性能好。

(2) 紧凑型的热连轧机，通常机组的组成为 1 架粗轧机、1 台中间热卷箱、5 ~ 6 架精轧机、1 ~ 2 台地下卷取机，生产线长度约 300m，年产量 200 万 ~ 300 万吨。采用的铸坯厚度为 200mm 左右，投资比较少，生产比较灵活，由于使用热卷箱温度条件较好，可以不用升速轧制（轧制速度 14m/s 左右）。

(3) 新型的炉卷轧机机组，通常采用 1 台粗轧机、1 台炉卷轧机、1 ~ 2 台地下卷取机，产量约 100 万吨，其中有的生产线可以生产中板也可以生产热轧板卷，主要用于不锈钢生产，投资较小，生产灵活，适合多品种。

(4) 薄板坯连铸连轧，按结晶器的形式不同，分别有多种形式，如 SMS 开发的 CSP、DANIELY 开发的 H2FRL 等，由薄板坯铸机、加热炉和轧机组成，刚性连接，铸坯厚 50 ~ 90mm，产量 120 万 ~ 200 万吨，轧机的布置形式有粗轧加精轧为 2 +5 布置、1 +6 布置，也有 7 架精轧机组成的生产线。薄板坯连铸连轧的特点是生产周期短、产品强度高、温度与性能均匀性好，但是表面质量、洁净度控制方面比传统厚板坯的难度大。

(5) 国外发展的无头（半无头）轧制技术，日本是在传统的粗轧机后设立热卷箱、飞焊机，把中间坯前一坯的尾部和下一坯的头部焊接在一起，进入精轧机组时形成无头的带钢进行轧制，在卷取机前再由飞剪剪断，该生产线可以 20m/s 的速度轧制生产 0.8 ~ 1.3mm 厚的带钢。德国发展的是半无头轧制技术，他们利用薄板坯连铸连轧的生产线，铸造较长的铸坯，如 200m，进入精轧，并且轧后进行剪切，在精轧机组中形成有限的无头连轧。这种生产线的特点是适合于稳定生产薄规格的带钢，减少了薄规格带钢生产中的轧废和工具损失。欧洲还在开发基于薄板坯连铸连轧技术的无头轧制技术，通过进一步提高铸坯的拉速，使连轧机和连铸机的速度得到匹配，实现真正的连铸连轧。

(6) 正在开发的生产热带钢的技术是薄带直接连铸并轧制的技术，钢水在两个辊中铸成 5 ~6mm 的带钢，经过一架或两架轧机进行小变形的轧制和平整，生产出热带钢卷。欧洲、日本和澳大利亚都进行过类似的试验，2004 年美国 NUCOR 建立了工业试验厂，德国的 THYSSEN - KRUPP 也建立了相同的试验工厂，据介绍年产 50 万吨的带钢厂已经试验成功，但是关于生产的稳定性、成本、产品质量、产品范围和应用领域的进一步报道尚未见到。

3.1.3 热带钢装备技术的进步

现在热连轧机很多的技术发展依然集中在板形、厚度精度、温度与性能的精准控制、表面的质量控制等方面，比如广泛使用的强力弯辊（WRB）系统、工作辊窜辊（HCW、CVC）和对辊交叉（PC）技术、工作辊的精细冷却、高精度的数学模型的不断改进等，都使热轧产品的质量不断提高。值得提出的新型轧机技术是日本 2000 年发明的，在热连轧机组的最后 3 个机架上采用单辊驱动和不同辊径工作辊轧制技术（SRDD）。该技术是轧制中驱动大直径的下工作辊（直径 620mm），而较小直径的上工作辊从动，其优点是轧制中有剪应力产生，降低轧制力、减少边降和增大压下量。在国内称为异步轧制技术，国内的试验也表明，该生产方法对降低轧制力有明显的效果。在目前的情况下用低温大变形生产超细晶粒钢和超高强度钢，这种设备是很有效的，但是关于质量、稳定性等方面尚无进一步的报道。所有新建的轧机都有完善的检测技术和手段，如厚度、宽度、速度、凸度、平直度、表面等，使带钢的精度更高，质量更好。

3.1.3.1 板形、板厚控制技术在新生产工艺中的应用

板形控制是带钢轧机的关键技术，各轧机制造商在此方面都大力开发，呈现出多种板形控制技术。这些技术可大致分为工艺方法和设备方法。从设备方法来讲，主要有原始凸度法、液压弯辊法、调整轧辊凸度法、轧辊变形自补偿法、阶梯形支撑辊法、抽动轧辊法、在线磨辊法和轧辊交叉法等。其中抽动轧辊法中的 CVC、HC 结合弯辊技术得到广泛应用，交叉辊法的 PC 轧机，其板形控制能力较强，综合性能优良，是目前发展较快的板形控制法，但交叉轧辊带来的较大的轴向力给设备设计带来不便，且交叉机构较为复杂，是其得到广泛应用的巨大障碍。板厚自动控制技术方面，液压 AGC 已得到普遍的认可，采用短行程压下缸，以减少油柱高度提高响应速度，已成为业界的共识。

3.1.3.2 除鳞技术的发展

热轧带钢在轧制过程中除鳞效果的好坏，直接影响到带卷产品的质量。传统热轧带钢生产，均采用高压水除鳞系统，水压达 15 ~ 18MPa，采用多次除鳞，即粗轧前、精轧前及机架间进行除鳞。随着薄板坯连铸连轧工艺的出现，给除鳞技术带来了一个新课题，薄板坯的氧化铁皮在板坯表面很薄且很黏，氧化铁皮很难去除，因此高压水除鳞系统水压高达到 35MPa，在奥钢联的实验机组上水压曾高达 55MPa。提高水压对除鳞有一定作用，但带来一些问题，如高压系统的维修保养工作量增加，事故率增加。进一步优化除鳞机喷嘴到板坯表面的距离和角度，以达到更好的除鳞效果；开发新型高压水流量喷嘴，使水流压力高，且冲击到板坯表面的水量小，从而减少板坯表面温降，这是高压水除鳞设备的发展方向。

3.1.4 我国热轧板带钢发展趋势

3.1.4.1 近代热轧板带钢生产技术发展的主要趋向

（1）热轧板带材短流程、高效率化。这方面的技术发展主要可分为两个层次：1）

常规生产工艺的革新。为了大幅度简化工艺过程，缩短生产流程，充分利用冶金热能，节约能源与金属等各项消耗，提高经济效益，不仅充分利用连铸板坯为原料，而且不断开发和推广应用连铸板坯直接热装与直接轧制技术。2）薄板坯和薄带坯的连铸连轧和连续铸轧技术是近十年来兴起的冶金技术的大革命，随着这一技术的逐步完善，必将成为今后建设热轧板带材生产线的主要方式。

（2）生产过程连续化。近代热轧生产过程实现了连续铸造板坯、连续轧制和连铸与轧制直接衔接连续化生产，使生产的连续化水平大大提高。

（3）采用自动控制不断提高产品精度和板形质量。在板带材生产中，产品的厚度精度和平直度是反映产品质量的两项重要指标。由于液压压下厚度自动控制和计算机控制技术的采用，板带纵向厚度精度已得到了显著提高。但板带横向厚度（截面）和平直度（板形）的控制技术往往尚感不足，还亟待开发研究。为此而出现了各种高效控制板形的轧机、装备和方法。这是近代板带轧制技术研究开发最活跃的一个领域。

（4）发展合金钢种及控制轧制、控制冷却与热处理技术，以提高优质钢及特殊钢带的组织性能和质量。利用锰、硅、钒、钛、铌等微合金元素生产低合金钢种，配合连铸连轧、控轧控冷或形变热处理工艺，可以显著提高钢材性能。近年来，由于工业发展的需要，对不锈钢板、电工钢板（硅钢片）、造船钢板、深冲钢板等生产技术的提高特别注意。各种控制钢板组织性能的技术，包括组织性能预报控制技术得到了重视，并开发研究。

3.1.4.2　我国热带轧机的发展趋势

（1）热轧带钢轧机建设进一步发展。近年我国热连轧带钢生产发展极其迅速，邯钢、南钢、安钢、武钢、宣钢、承钢等也正在规划建设热带轧机。如果所有轧机全部建成，产能得到发挥，则带钢产量将很可观，我国钢材板带比低、薄板长期供不应求的状况将根本改变。

（2）轧机的国产化率逐步提高。进入 21 世纪以后，除热连轧带钢产量大幅度提高、轧机建设快速发展以外，轧机国产化问题也有了长足进步。目前由国外总承包的项目国产化率普遍达到 70% 以上，有的达到 90%。而且一些项目已做到全部国产化，如鞍钢 1700mm、2150mm 轧机、济钢 1700mm 轧机、莱钢 1500mm 轧机、新丰 1700mm 轧机、唐钢 1700mm 轧机等，由国内总承包，装备全部国内设计制造，少量关键件在国外自主采购。国内装备虽然在整体技术水平上与外国先进水平有一定差距，但已达到较高水平，以鞍钢 1700mm 轧机为例，其质量水平与其 1780mm 轧机相差不大。国产装备的另一优势是价格优势。如引进国外的薄板坯连铸连轧生产线一般需投资 20 亿 ~23 亿元人民币，但采用国产中等厚度薄板坯仅需 15 亿 ~17 亿元人民币，其产量与国外生产线基本相同。

（3）世界最新技术不断被采用。目前国内已建和在建热轧生产线中采用了许多最新技术，如半无头轧制技术，其在国外刚开发不久，国内已有多条生产线采用或预留（唐钢、马钢、涟钢、本钢、通钢等）；再如高性能控制器，西门子刚推出新一代闭环工艺与传动控制器 TDC，国内已有太钢 1549mm 轧机、武钢 2250mm 轧机采用，北京科技大学国家轧制中心承担的莱钢 1500mm 轧机自动化控制系统也采用了该控制器，使我国紧跟国外最先进的技术发展。事实表明，在采用最新技术方面热连轧领域已处于国际前沿水平。

3.2 热连轧带钢生产

3.2.1 热轧带钢生产的工艺过程

热轧带钢的基本生产工艺过程如图 3-1 所示。

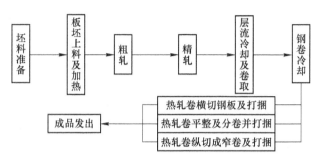

图 3-1 热轧带钢生产工艺过程

3.2.1.1 板坯管理及准备

经过火焰清理后的合格板坯，由连铸厂用火车运来。在每块板坯的端面标有号码，板坯用 90t 大吊车从火车上卸下，堆放在板坯仓库待轧。对板坯在板坯库的堆放位置要进行记录，以便于轧制时索取板坯。

上工序送来的板坯入库时编写制作票，再根据用户和精轧工序的要求填写定货单，然后根据制作票和定货单编制生产计划表，再按照轧制技术操作规程编制出轧制单位表。一个轧制单位表是指两次换辊之间的轧制计划表，即要编出适应于精轧机工作辊型轧出最佳产品的计划。轧制明细表的编制是根据轧制单位表内每一批量中每一个钢卷号的成品规格、钢卷尺寸，下一工序以及钢卷号相对应的板坯号、板坯尺寸、重量、化学成分等。再根据技术操作规程查出尺寸公差，精轧和卷取温度要求等经过检验无误后输入计算机。

3.2.1.2 板坯上料与加热

轧制单位表送板坯库管理室，以便板坯库把当天要轧制的板坯，按轧制顺序吊过过跨，堆放在上料辊道附近。板坯上料是根据轧制明细表中所规定的顺序，吊在上料辊道上。在板坯上料小室前停下来，由磅秤称重。板坯在上料小室前要停下来由核对人员核对板坯号。然后板坯在由辊道送到相应的加热炉前。板坯吊运到上料辊道上 CPU 即对板坯进行跟踪。并由冷金属检测器检测板坯在辊道上的位置。板坯推入加热炉时，推钢机的行程根据前一块板坯在炉位置，即宽度，与即将推入的板坯宽度保持 50mm 的间距。由计算机控制将板坯推入炉内。板坯在加热炉内由步进梁一步一步移向出料端，步进梁正常向前的行程为 600mm。板坯出料机的行程根据板坯宽度由计算机设定和输出。当步进梁处于下限位置、出料机处于后退极限位置时，启动出料机进入炉内托出板坯并放在出炉辊道中心线上。板坯出料后即向前送到粗轧机组进行轧制。

3.2.1.3　粗轧机轧制过程

从出炉辊道到卷取机和整个轧制线布置有 41 套热金属检测器（HMD），用以跟踪轧件以使计算机根据 HMD 检测到的板坯、带坯或带钢位置，对于轧制线上的相应设备进行设定和控制。

粗轧机组的设定项目有侧导板、立辊的开口度、压下位置（辊缝）、R1 和 R2 轧机轧制速度、立辊和辊道的速度、除鳞喷嘴以及粗轧出口的检测仪表的标准值。

粗轧的另一个主要任务是按照精轧要求的宽度，轧出和控制准确的宽度。为此，对 VSB、E2、E3、E4 各立辊轧机要根据精轧机要求的宽度、板坯宽度和轧制时的宽展量来分配侧压量和计算各立辊的开口度。

板坯出炉后，送入大立辊轧机（VSB），板坯通过大立辊时给予一定的侧压，一方面是减缩板坯宽度，另一方面是挤碎初生氧化铁皮，在大立辊后设有高压水除鳞喷嘴，上下各一根集管用 $150kg/cm^2$ 的高压水破除氧化铁皮。板坯在进入 R1 二辊不可逆轧机前又经高压水喷除一次氧化铁皮。在 R1 轧机上仅轧制一道次便送往 R2 四辊可逆轧机继续轧制。在 R2 轧制线上根据板宽不同轧制 3~5 道次。

R2 可逆式轧机因为轧制道次有可以选择的幅度，为了留有轧制多品种的可能，因而设有半自动台一套，即由操作人员设定 R2 轧机各道次的工艺参数，然后输入给 NO1. DDC 来执行控制。R2 轧机因系可逆轧机在往返轧制时，轧机的正反转咬钢速度取 100m/min 左右。R2 轧机往返轧制时，奇数道次 E2 立辊给侧压及入口侧导板靠近，入口侧高压水喷嘴喷水除鳞。偶数道次时 R2 后面侧导板靠近，前面的侧导板打开，E2 立辊不给侧压。

R2 轧机正反转和高压水喷嘴的给定是由入口侧的 HMD33，即出口侧的 HMD40 发出启动信息。由于 R2 轧机前后工作环境差，有水雾干扰，因而采用 γ - 线检测器。

轧件继续进入 R3、R4 四辊轧机进行轧制，R3、R4 轧机采用串联布置，相距 9.8m，轧制时形成连轧，从而可以缩减轧制线长度和减小温降差。R4 轧机采用交流同步机传动，而 R3 轧机采用直流电动机传动，其速度是不变的。R3 轧机的速度设定根据 R4 轧机速度和秒流量相等的关系计算，并经过适当的修正。R3、R4 轧机前均设有高压水除鳞喷嘴，根据计算机的设定进行除鳞，一般地对厚度在 2.5mm 以上的产品，R4、R3 前高压水均使用。

在靠近 R4 粗轧机的出口侧的中间辊道上，设有 γ - 线测厚仪、光电测宽仪（不设光源的），用以检测带坯的厚度和宽度。实测厚度要输入计算机，用来作设定精轧机穿带速度时作前馈和设定各架的出口厚度之用。在 R4 出口侧的中间辊道上设置光学高温计（RT4），用以检测粗轧机出口温度，作为精轧机设定的一项重要参数。

在中间辊道前进方向的左侧设有废品推出机，右侧设有固定台架。推出机分三组，每组四根推杆，最外侧两根推杆间距 85m，台架长度为 94.6m，用以处理轧废带坯。

3.2.1.4　精轧机轧制工艺过程

中间辊道分四段来控制，轧件从机架轧出以 300m/min 的速度前进。但是到精轧机前飞剪切头时速度要将到 120m/min 以下。如轧件较长时带尾离开后即立即开始减速，当尾端离开一段辊道时，该段辊道速度又回到 300m/min。带坯前进到 HMD55 时测速辊下降到 HMD60，速度下降到飞剪切头速度。精轧机速度变化曲线如图 3-2 所示。

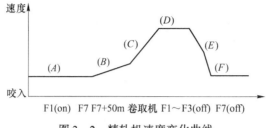

图 3-2 精轧机速度变化曲线

所有的带坯进精轧机前均需切除不规则和低温的头部。首先由测速辊检测出带坯速度，带坯头部到达 HMD61 时起动飞剪自动切除头部，HMD61 为 γ-线检测器，此后带坯速度要进一步降低到 F1 精轧机咬入速度。带坯的尾部按规定成品带钢在 2.4mm 以上、宽度在 1000mm 以上时不切除尾部，即在此宽度以下规格要进行切尾。切尾时带钢速度由破鳞箱第二夹送辊上辊来检测，仍由剪前 HMD61 启动飞剪。

飞剪切头时，其速度要稍高于带坯速度，切尾时飞剪的速度比带坯速度稍低一点，避免切头切尾搭在带钢上。切头切尾长度由人工选择，一般在 500min 以内。切头切尾经飞剪下面斜槽落入到切头箱中。切头箱载于小车上，箱子装满后小车移动一次，将空箱移到接受切头位置。切头箱用吊车吊出坑，将切头倒在汽车中运出。

切头后轧件给破鳞箱（两对高压水集管），用高压水去除在中间辊道上形成的二次氧化铁皮，在 F1 机架前和 F2 机架前的高压水喷嘴的选择要依成品带钢厚度，由计算机（NO2DDC）选择，因为不仅要清除氧化铁皮，还可以调节终轧温度。

在 F2-F3、F3-F4、F4-F5、F5-F6、F6-F7 机架之间设有冷却带钢的喷嘴集管，水压为 23kg/cm²。机架间喷水是为调节精轧温度，其选择也是依成品带钢厚度及终轧温度，由 NO2DDC 计算机控制喷水量。

当带坯的前端到达后面的温度计（RT4）以后约 2s，进行第一次精轧机组的各项设定，带坯到达 HMD54 时，计算机将根据带坯实际传送的时间，相应地修改各设定参数，并进行第二次设定。当 F1 和 F2 轧机咬入带钢后，根据实测的轧制压力和压下位置，与设定值比较，还要与 F3-F7 机架进行第三次设定。

带钢在咬入精轧机机架后，其相应的厚度自动控制（AGC）投入工作，在机架上除设电动压下式 AGC 之外，还设有液压 AGC，在带钢咬入 F7 机架前有操作人员选择使用电动 AGC 还是液压 AGC。当带钢咬入两个机架以后，由后一机架的负荷继电器启动前面的活套支撑器。

精轧机组采用升速轧制，穿带时 F7 机架最大速度为 600m/min。为了能达到精轧机出口温度的均匀一致，并考虑穿带时在输出辊道上的稳定性，采用两段加速度。在精轧机出口端布置有测厚仪、测宽仪等设备。所设计的精轧速度调节系统，是采用 F7 机架为基本机架。

精轧机的七架轧机上均设有工作辊的正负弯辊装置。正弯辊使用的液压缸设在牌坊窗口的凸台上。在支撑辊轴承座内有用于负弯辊的液压缸，由操作人员根据板型控制。

3.2.1.5 带钢冷却及卷取

从精轧机轧出的带钢要求在输出辊道上冷却到卷取温度，为此采用了高效率的层流冷却系统，上部为 120 根冷却水集管，下部为 240 根集管，上部每两根下部每四根集管组成 60 个冷却控制段，分布在 104m 的输出辊道上。

冷却方式分为前段冷却和后段冷却。

前段冷却用于厚度在 1.6mm 以上的普碳钢带，上下部对称喷水。其控制方式分为预测控制（NFF）、补偿控制（NFFT）及反馈控制（NFB）。作为控制主体的预测控制是按计算机设定的精轧机出口目标温度（预测值）、带钢的厚度及速度计算出喷水量（集管数）。在带钢未到达前接通冷却水。补偿控制是在带钢出精轧机以后，计算机根据精轧机出口温度计（FT）检测到的实际温度，接通一部分喷水集管。反馈控制是根据在进卷取机前测的得实际温度与目标温度的差值而输出的喷水量。

预测控制的喷水集管数从精轧机侧向前进方向增加，而补偿控制及反馈控制的集管数是从卷取机侧向方向增加或减少。

后段冷却用于厚度在 1.6mm 以下的普碳钢带，其喷水方式是仅仅上部喷水。并且把 NFF、NFFT 及 NFB 作为一个整体，从卷取机侧向方向增加喷水集管。后段冷却用于硬质带钢和 8mm 以上带钢时，在头部 10m 和尾部 10m 不喷水，并分为仅头部不喷水、仅尾部不喷水和头尾均不喷水三种情况。

3.2.1.6 卷取过程

经过冷却后的带钢送往三个助卷辊式的地下卷取机上卷成钢卷。三台卷取机轮流工作，结构完全一样。在卷取机咬入带钢时，夹送辊、助卷辊、卷筒这三者的速度要设定合适，另外是夹送辊、助卷辊的辊缝要适当。为调整辊缝，在夹送辊和助卷辊上均设有直流电机驱动的蜗杆千斤顶的调整装置。

计算机要按成品带钢厚度设定卷取时的带钢张力，同时还要计算出弯曲带钢时及卷筒加速度的转速电流，并输出给传动系统。带钢被卷取咬入并卷取 2~3 圈后，助卷辊用气缸打开。此后，卷筒夹送辊输出辊道与精轧机一起按设定加速度开始升速轧制。带钢尾部一出 F5 机架后，输出辊道按设定的滞后率降速，这时卷取带钢的张力由输出辊道、夹送辊和卷筒来形成。

3.2.2 车间布置及主要设备选择

车间布置及设备选用的原则。首先，在粗轧机与精轧机之间设计保温罩或热卷箱等，主要是考虑产品的规格、实际现场的生产以及带钢内部组织性能的影响而做出选择；其次，在选定轧机型号及确定轧辊、各架轧机之间的距离等方面，根据车间生产的钢材的钢种、产品品种和规格、生产规模的大小以及由此而确定的产品生产工艺过程。

3.2.2.1 板坯宽度侧压设备

宽度精度与厚度精度、板凸度、平直度共同构成带钢的外形质量，其中宽度精度是带钢产品外形质量的一个重要指标。精确的宽度可以提高热轧薄板及其后步工序的成材率，既可避免由于过宽造成切边过多，又可减少由于过窄给后步工序带来的生产安排混乱。对成品带钢宽度进行控制，这里先介绍粗轧调宽。粗轧调宽可以通过独立的立辊轧机、粗轧机附属立辊、定宽轧机、大侧压调宽压力机（SP 轧机）等设备实现。粗轧调宽在带钢宽度调整和精度控制中占有主要地位。

A 立辊轧机

为了进行宽度控制，传统热连轧机组都配有独立的立辊轧机或在粗轧机上装设附属立辊，有的精轧机前也设立了立辊。根据调宽量的大小，板坯可以进行多道次或一道次立轧。

（1）立辊轧机位于粗轧机水平轧机的前面，大多数立辊轧机的牌坊与水平轧机的牌坊连接在一起。立辊轧机的性能参数见表 3-1。立辊轧机主要分为两大类，即一般立辊轧机和有 AWC 功能的重型立辊轧机。

1）一般立辊轧机是传统的立辊轧机，主要用于板坯宽度齐边、调整水平轧机压下产生的宽展量、改善边部质量。其结构简单，主传动电机功率小，侧压能力普遍较小，而且控制水平低，不能在轧制过程中进行调节，带坯宽度控制精度不高。

2）有 AWC 功能的重型立辊轧机是为了适应连铸的发展和热轧带钢板坯热装的发展而产生的现代轧机。其结构先进，主传动电机功率大，侧压能力大，具有 AWC 功能，在轧制过程中对带坯进行调宽、控宽及头尾形状控制，不仅可以减少连铸板坯的宽度规格，而且有利于实现热轧带钢板坯的热装，提高带坯宽度精度和减少切损。有 AWC 功能的重型立辊轧机的结构如图 3-3 所示。

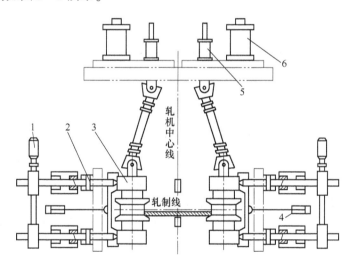

图 3-3 有 AWG 功能的重型立辊轧机结构图
1—侧压液压缸；2—电动侧压装置；3—轧辊；4—滑架；5—主传动装置；6—主电机

表 3-1 立辊轧机的各种性能参数

轧辊	$\phi640mm/\phi580mm \times 380mm$
调宽范围	800 ~ 1700mm
调整速度	30mm/s
压下形式	电动 + 液压

轧制力	最大 100t
压下量	板坯厚度为 90mm 时最大为 7mm(13.5mm/边)，板坯厚度为 70mm 时最大为 30~35mm(15~17.5mm/边)
轧制速度	最大 22r/min(用新辊)
主传动电机	2—AC88KW×0—150r/min 成对的水平电机
轧辊开口度	最大 1770mm(换辊时 1840mm)，最小 800mm
AWC 行程	50mm

（2）立轧的变形特点与平轧完全不同，经立辊轧机的轧制后的板坯具有以下形状特点：

1）板坯立轧的狗骨变形，如图 3 - 4(a) 所示。板坯立轧是典型的超高件轧制过程，其突出特点是侧压时变形不深透，金属向厚度方向上的流动主要集中在板坯两侧的边缘部分，横断面出现明显的双鼓形，就是所谓狗骨变形。立辊的辊径越大，狗骨形越小。为增加调宽效率，现在普遍采用定宽压力机（SP Sizing Press），可看做是用半径无限大的锤头替代了立辊，定宽压力机的狗骨形要比立辊调宽小得多。带有狗骨形的板坯经过后步平辊轧机轧制后，较厚的边部金属将向宽向流动，造成轧件继续宽展，因而影响宽度精度，降低宽度控制效果。

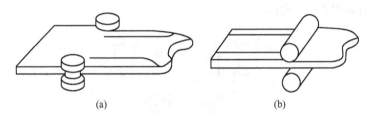

图 3 - 4　立辊轧机轧制特点
（a）立辊轧边；（b）立轧后的平轧

2）"舌头"及"鱼尾"。经过侧压后的板坯，在头尾部分产生严重的宽度不均，板坯头尾在轧制方向金属流动阻力小于板坯中部，形成头尾两侧向中间的圆弧形，使头尾宽度收缩，最终形成端部内凹的形状，即所谓的"舌头"及"鱼尾"。这部分带材必须在后续工序中予以切除，造成了金属的浪费，如图 3 -4(b) 所示。而头尾之间的部分，由于金属沿轧制方向流动阻力加大，在长度方向的延伸受到限制，形成板坯两侧厚度方向的凸起高于头部。

3）立轧时板坯拱起。板坯的宽厚比较大时，如果采用立辊轧机轧制，容易使板坯拱起，造成板坯失稳发生弯曲和扭转。

B　定宽压力机

压缩调宽技术是为了克服立辊轧制调宽的缺点、增大压缩工具与板坯的接触长度、改善板坯断面狗骨形、减少板坯头尾部的鱼尾和舌头及失宽、提高成材率而提出的。实现压缩调宽技术的设备是定宽压力机（SP Sizing Press）。定宽压力机位于粗轧高压水除鳞装置之后，粗轧机之前，用于对板坯进行全长连续的宽度侧压。与立辊轧机相比，SP轧机具有以下优势：（1）板带成材率提高。SP轧机具有较强的板坯头尾形状控制功能，金属切损少。（2）调宽能力提高。目前SP轧机的最大侧压量达到了350mm，有效减轻了连铸机不断变换宽度规格的负担，提高了连铸机生产率和连铸坯质量及板坯的热装率和热装温度。（3）调宽实效提高。侧压变形更深透，板坯变形均匀，平轧使宽展恢复减小。（4）宽度精度提高。SP轧机的锤头间距可严格控制，有很强的定宽作用。

定宽压力机的主要形式有长锤头和短锤头两种。

（1）长锤头定宽压力机，如图3-5（a）所示。其特点是压缩模具长度略大于板坯长度，板坯遍布在全长上同时受压缩。操作过程是先由螺杆机构将压缩模具调整到略大于板坯宽度的间距，然后快速液压压下机构按规程进行侧压。该定宽压力机是一次将板坯压缩至目标宽度，由于是在整个板坯长度上同时进行压缩，所以需要特别大的压缩力，导致设备庞大、投资高、安装维修不便。这种压力机可以改善板坯头尾的平面形状，但其调宽量较小，厚160mm的板坯侧压量只有76mm。

（2）短锤头定宽压力机是用短锤头替代长锤头，如图3-5（b）所示。用短锤头多次连续压缩来取代一次性压缩，大大减小了压缩力，减轻了压力机的负荷，简化了设备。

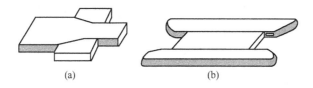

图3-5　定宽压力机
（a）长锤头定宽压力机；（b）短锤头定宽压力机

短锤头定宽压力机主要有两种形式：一种是间歇式，如图3-6所示。在对板坯进行压缩之前，锤头位于打开位置，间距略大于板坯，板坯进入锤头之间的位置后停下来，对宽度方向进行压缩，一步压缩到位后锤头分开回到打开位置，然后板坯向前送进一步，开始下一步压缩，如此循环，直到板坯尾部压缩完毕。另一种是连续式，如图3-7所示。锤头对板坯进行压缩的同时，随板坯一起向前沿轧制线方向以相同速度前进。这种运动轨迹为一椭圆形曲线，可以保证板坯在受压缩的过程中以一定速度前进，不必使板坯停下来等待。压缩完成后，锤头沿椭圆形曲线再回到打开位置，准备下一次压缩。显然这种连续式定宽压力机的生产效率比间断式的要高得多。

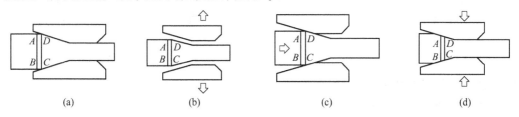

图3-6　间歇式调宽压力机动作示意图
（a）压缩；（b）打开；（c）送进；（d）再压缩

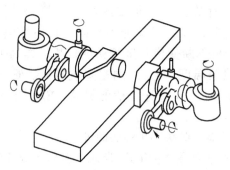

图 3 - 7　连续式调宽压力机

3.2.2.2　粗轧机

粗轧机的布置形式是根据产量、板卷重量等诸多因素决定的。粗轧机的布置形式主要有全连续式、3/4 连续式、半连续式和其他形式。由于全连轧生产线过长，目前广泛采用的是 1/2 连轧和 3/4 连轧。

（1）全连续式。全连续式粗轧机通常由 4~6 架不可逆式轧机组成，前几架为二辊式，后几架为四辊式。全连续式粗轧机的布置形式主要有两种：一种是全部轧机呈跟踪式连续布置；另一种是前几架轧机为跟踪式，后两架为连轧布置。

典型的全连续式粗轧机的布置如图 3-8 所示。

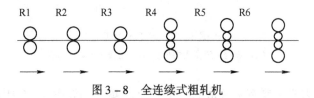

图 3 - 8　全连续式粗轧机

全连续式粗轧机在一、二代热轧带钢轧机中居多，因受当时的控制水平和机械制造能力的限制，粗轧机轧制速度较低，且都是以断面大、长度短的初轧板坯为原料，所以轧机产量取决于粗轧机的产量。全连续式粗轧机每架轧机只轧一道，轧件沿一个方向进行连续轧制，生产能力大，因此在当时发展较快。

随着粗轧机控制水平的提高和轧机结构的改进，粗轧机的轧制速度提高了，生产能力增大了，粗轧机的布置形式也发生了很大变化，相继发展了 3/4 连续式和半连续式。相比之下，全连续式粗轧机的优点就不明显了，而且其生产线长、占地面积大、设备多、投资大、对板坯厚度范围的适应性差等缺点更加突出，所以近期建设的粗轧机已不再采用全连续式。

（2）3/4 连续式。3/4 连续式粗轧机由可逆式轧机和不可逆式轧机组成，其布置形式有 2 架轧机，3 架轧机或 4 架轧机。

典型的 3/4 连续式粗轧机的布置如图 3-9 所示。

典型的 3/4 连续式粗轧机由 4 架轧机组成，第 1 架为二辊可逆式轧机，第 2 架为四辊可逆式轧机，第 3、第 4 架均为四辊不可逆式轧机。3/4 连续式粗轧机的轧制工艺是：板坯在可逆式轧机上往复轧制 3~5 道次，在不可逆式轧机上轧制 1 道次。3/4 连续式粗轧机

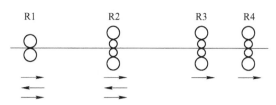

图 3-9 3/4 连续式粗轧机的布置

兼有全连续式粗轧机的优点，又克服了它的缺点，与其相比具有生产线短、占地面积小、设备少、投资省、对板坯厚度范围的适应性好等优点。且其生产能力也不低，适应于多品种的热轧带钢生产。我国热轧宽带钢粗轧机采用 3/4 连续式布置的有宝钢 2050mm 轧机、武钢 1700mm 轧机、太钢 1549mm 轧机。

（3）半连续式。半连续式粗轧机由 1 架或 2 架不可逆式轧机组成。常见的布置形式有：

1）1 架四辊可逆式轧机，如图 3-10(a) 所示。

2）由 1 架二辊可逆式轧机和 1 架四辊可逆式轧机组成，如图 3-10(b) 所示。

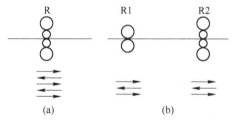

图 3-10 两种半连续式粗轧机的布置

3）由 2 架四辊可逆式轧机组成，如图 3-11 所示。

图 3-11 四辊可逆式轧机

半连续式粗轧机与 3/4 连续式粗轧机相比，具有设备少、生产线短、占地面积小、投资省等特点，且与精轧机组的能力匹配较灵活，对多品种的生产有利。近年来，由于粗轧机控制水平的提高和轧机结构的改进，轧机牌坊强度增大，轧制速度也相应提高，粗轧机单机架生产能力增大，轧机产量已不受粗轧机产量的制约，从而半连续式粗轧机发展较快。我国热轧宽带钢粗轧机采用半连续式布置的有宝钢 1580mm 轧机、鞍钢 1780mm 轧机、攀钢 1450mm 轧机、武钢 2250mm 轧机。

（4）其他形式。粗轧机除了以上 3 种粗轧机的基本布置形式外，还有逆道次式和紧凑式。

3.2.2.3 保温装置

保温装置位于粗轧与精轧之间，用于改善中间带坯温度均匀性和减小带坯头尾温差。

采用保温装置,不仅可以改善进精轧机的中间带坯温度,使轧机负荷稳定,有利于改善产品质量,扩大轧制品种规格,减少轧废,提高轧机成材率,还可以降低加热板坯的出炉温度,有利于节约能源。常用的保温装置主要有保温罩和热卷箱,其共同的特点是不用燃料,保持中间带坯温度。但设备结构大相径庭,迥然不同。分别叙述如下:

(1) 保温罩。布置在粗轧与精轧机之间的中间辊道上,一般总长度有 50~60m,由多个罩子组成,每个罩子均有升降盖板,可根据生产要求进行开闭。罩子上装有隔热材料,罩子所在辊道是密封的。中间带坯通过保温罩,可大大减少温降。

(2) 热卷箱。布置在粗轧机之后,飞剪机之前,采用无芯卷取方式将中间带坯卷成钢卷,然后带坯尾部变成头部进入精轧机进行轧制,基本消除带钢头尾温差。采用热卷箱,不仅可保持带坯的温度,而且可大大缩短粗轧与精轧之间的距离。

热卷箱的优点有:1) 减少中间坯头、尾温差,确保带钢轧制温度。热卷箱对中间坯有明显的保温作用。若不用热卷箱,成品厚度越薄,中间坯的头尾温差越大。2) 精轧机可以采用恒速或加速轧制。3) 均衡整体中间带坯的轧制温度,稳定精轧机的轧制负荷,从而提高轧制过程的稳定性,以确保成品精度。4) 缩短粗轧机至精轧机之间的距离,节约工程投资。尤其对原有热轧生产线的改造。5) 热卷箱还具有挽救带钢报废的功能。6) 进一步消除中间带坯表面的氧化铁皮。热卷箱在卷取和反开卷过程中,可使粗轧阶段产生的二次氧化铁皮得以疏松,大块氧化铁皮从带坯表面脱落,从而起到机械除鳞的效果,显著增强了精轧机组前除鳞箱的使用效果。7) 采用热卷箱后,精轧机组开轧温度和终轧温度得到有效控制,仅用前馈方式即可得到较高的卷取温度控制精度。可以得到均匀组织和良好性能的匹配。8) 采用热卷箱,使精轧温度变化小,轧制状态稳定,带钢外形尺寸得到良好控制,在轧制时,除了带钢头部几米由于穿带时建立张力引起的偏厚,以及带钢尾部由于抛钢降速和失去张力引起的少量偏厚外,其余部分通板均控制在较好范围内,大大提高产品质量。9) 保证足够的事故处理时间,提高成材率。热卷箱可起到缓冲作用,延长精轧及卷板后续工序处理时间,降低了中间废品率。中间坯头尾温差减小,切头切尾量减少,综合成材率可提高。

热卷箱也存在一些不足之处:1) 对带坯横向温度控制不是特别理想,横向温差可达40℃。2) 带钢出末架精轧机速度一般小于 12m/s,限制了生产线的产量。3) 对于管线钢不能降低精轧机功率,不可实现恒速轧制,不能减少精轧机数量,不能充分体现卷取箱的优点。

热卷箱选用的依据:1) 产量没有太高的要求。2) 对温度敏感性高的产品一般要选用卷取箱,如不锈钢。3) 轧制线长度受限制时可选用卷取箱。

典型的热卷箱结构如图 3-12 所示。

3.2.2.4　精轧机

A　精轧机布置形式及数量

按照道次设计,一般选取 6~8 架精轧机。这样的布置对降低单架压下量起到很大作用,对减少跑偏稳定生产也有好处。6~8 架轧组形成精轧连轧机。由于机架数目较多,在轧制薄规格产品时,为了保证头尾温差和卷取温度的控制,在精轧机布置方面,应采用较快的轧制速度和稍小的间距。

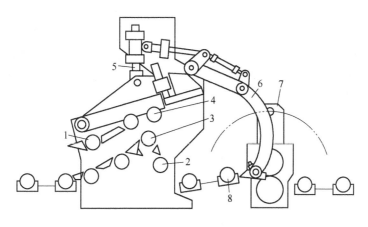

图 3-12 典型的热卷箱结构

1—入口导辊；2—成形辊；3—下弯曲辊；4—上弯曲辊；

5—平衡缸；6—开卷臂；7—移卷机；8—托卷辊

B 新型热带轧机的种类

目前，新型热带轧机主要有带液压弯辊技术（WRB）的轧机、CVC轧机、PC轧机、HC轧机以及WRS轧机等，现分别介绍。

a 液压弯辊技术

（1）弯曲工作辊的方法，如图3-13所示。这又可以分为两种方式：1）反弯力加在两工作辊瓦座之间。即除工作辊平衡油缸以外，还配有专门提供弯辊力的液压缸，使上下工作辊轴承座受到与轧制压力方向相同的弯辊力 N_1，结果是减小了轧制时工作辊的挠度。这称为正弯辊。2）反弯力加在两工作辊与支撑辊的瓦座之间，使工作辊轴承座受到一个与轧制压力方向相反的作用力 N_1，结果是增大了轧制时工作辊的挠度，这称为负弯辊。热轧薄板轧机多采用弯曲工作辊的方法。

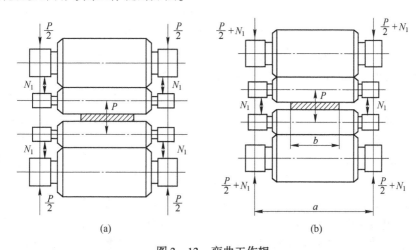

图 3-13 弯曲工作辊

（a）减小工作辊的挠度；（b）增加工作辊的挠度

（2）弯曲支撑辊的方法。这种方法是反弯力加在两支撑辊之间。为此，必须延长支撑辊的辊头，在延长辊端上装有液压缸，使上、下支撑辊两端承受一个弯辊力 N_2。此力使支撑辊挠度减小，即起正弯辊的作用。弯曲支撑辊的方法多用于厚板轧机，它比弯曲工作辊能提供较大挠度补偿范围，且由于弯曲支撑辊时的弯辊挠度曲线与轧辊受轧制压力产生的挠度曲线基本相符合，故比弯曲工作辊更有效。对于工作辊辊身较长（L/D 大于 4）的宽板轧机，一般以弯曲支撑辊为宜。弯曲支撑辊的方法如图 3 – 14 所示。

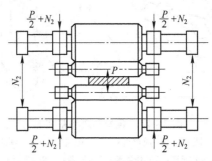

图 3 – 14　弯曲支撑辊

b　CVC 轧机

CVC 轧机是 SMS 公司在 HCW 轧机的基础上于 1982 年研制成功的。CVC 轧机与 HCW 轧机的不同之处在于 CVC 轧机的工作辊原始辊型为 S 形，而 HCW 轧机的工作辊原始辊型为平辊，其相同点都是采用工作辊轴向串动技术来控制板形。CVC 工作辊的轴向移动量为 $\pm100\text{mm}$，其效果相当于常规磨辊凸度在 $100 \sim 500\mu\text{m}$ 之间变化的效果。S 形辊的半径差仅为 $273\mu\text{m}$，上下轧辊线速度之差最大仅为 0.076%，相当于带钢前滑值的 1%。CVC 系统的工作辊辊身比支撑辊辊身长出可移动的距离，以确保支撑辊不会压到工作辊边缘。由于工作辊具有 S 形曲线，工作辊与支撑辊是非均匀接触，实践表明，这种非均匀接触对轧辊磨损和接触应力不会产生太大的影响。

CVC 轧机和弯辊装置配合使用可调辊缝达 $600\mu\text{m}$。CVC 在精轧机组的配置一般是：前几个机架采用 CVC 辊主要控制凸度，后几个机架采用 CVC 辊要控制平直度。我国宝钢 2050mm 热带钢轧机 7 个精轧机架均采用 CVC 轧机，可调凸度 $400\mu\text{m}$，F1 ~ F5 弯辊装置可调凸度 $150\mu\text{m}$，合计 $550\mu\text{m}$。宝钢采用 CVC 的作用是 F1 ~ F4 改善凸度，F5 ~ F7 改善平直度。到目前为止，全世界已投产近 70 台 CVC 热轧机。

CVC 轧制原理为：在轧辊末产生轴向移动时，轧辊构成具有相同高度的辊缝，其有效凸度等于零［见图 3 – 15(a)］。如果上辊向左移动、下辊向右移动时，板材中心处两个轧辊轮廓线之间的辊缝变大，此时的有效凸度小于零［见图 3 – 15(b)］。如果上辊向右移动下辊向左移动时，板材中心处两个轧辊轮廓线之间的辊缝变小，这时的有效凸度大于零［见图 3 – 15(c)］。CVC 轧辊的作用与一般带凸度的轧辊相同，但其主要优点是凸度可以在最小和最大凸度之间进行无级调整，这是通过具有 S 形曲线的轧辊做轴向移动来实现的。CVC 轧辊辊缝调整范围也较大，与弯辊装置配合使用时，如 1700mm 热轧机的辊缝调整量可达 $600\mu\text{m}$ 左右。通过工作辊轴向移动可以获得工作辊辊缝的正负凸度的变化，从而实现对带钢凸度的控制。其凸度控制能力和工作辊轴向移动量为线性变化关系，凸度控制能力可以达到 1.0mm。

CVC 轧机的优点是：板凸度控制能力强；轧机结构简单，易改造；能实现自由轧制；

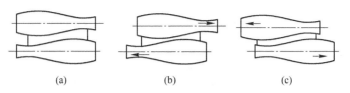

图 3 - 15　CVC 轧机轧辊辊缝形状变化示意图

(a) 平辊缝；(b) 中凹辊缝；(c) 中凸辊缝

操作方便，投资较少。CVC 轧机的缺点是：轧辊形状复杂、特殊，磨削要求精度高而且困难，必须配备专门的磨床；无边部减薄功能；带钢易出现蛇形现象。

c　HC 轧机

HC 轧机为高性能板型控制轧机的简称。HC 轧机的主要特点有：(1) 具有较大刚度稳定性。即当轧制力增大时，引起的钢板横向厚度差很小，因为它也可以通过调整中间辊的移动量来改变轧机的横向刚度，以控制工作辊的凸度，此移动量以中间辊端部与带钢边部的距离 δ 表示。当 δ 大小合适，即当中间辊的位置适当，即在所谓 NCP 点（Non Control Point）时，工作辊的挠度即可不受轧制力变化的影响，此时的轧机的横向刚度可调至无限大。(2) 具有很好的控制性。即在较小的弯辊力作用下，就能使钢板的横向厚度差发生显著变化。HC 轧机还没有液压弯辊装置，由于中间辊可轴向移动，致使在同一轧机上能控制的板宽范围增大了。(3) HC 轧机由于上述特点而可以显著提高带钢的平直度，可以减少板带钢边部变薄及裂边部分的宽度，减少切边损失。(4) 压下量由于不受板形限制而可适当提高。

d　PC 轧机

对辊交叉（PC）轧制技术（Pair Cross Roll）。在日本新日铁公司广烟厂于 1984 年投产的 1840mm 热带连轧机的精轧机组上首次采用了工作辊交叉的轧制技术。PC 轧机的工作原理是：通过交叉上下成对的工作辊和支撑辊的轴线形成上下工作辊间辊缝的抛物线，并与工作辊的辊凸度等效。等效轧辊凸度 C_r 由公式表示：

$$C_r = \frac{b^2 \tan^2 \theta}{2D_W} \approx \frac{b^2 \theta^2}{2D_W} \qquad (3-1)$$

式中　b——带材宽度；

　　　θ——工作辊交叉角度；

　　　D_W——工作辊直径。

因此带材凸度变化量为

$$\Delta C = \delta C_r \qquad (3-2)$$

式中　δ——影响系数。

因此，调整轧辊交叉角度即可对凸度进行控制，如图 3 - 16 所示。PC 轧机具有很好的技术性能：(1) 可获得很宽的板形和凸度的控制范围，因其调整辊缝时不仅不会产生工作辊的强制挠度，而且也不会在工作辊和支撑辊间由于边部挠度而产生过量的接触应力。与 HC 轧机、CVC、SSM 及 VC 辊等轧机相比，PC 轧机具有最大的凸度控制范围和控制能力。(2) 不需要工作辊磨出原始辊型曲线。(3) 配合液压弯辊可进行大压下量轧制，不受板形限制。

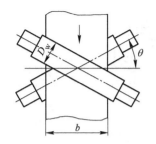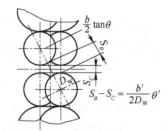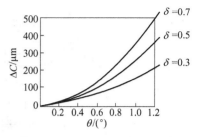

图 3 - 16　PC 轧辊交叉角与等效辊凸度

e　WRS 轧机

WRS 轧机实际就是工作辊横移式四辊轧机, 其板凸度控制有两种方法, 即工作辊不带锥度和带锥度。WRS 轧机在适应带钢宽度变化、控制板凸度, 尤其在减小边部减薄及局部高点上很有效果。

C　精轧机的确定及选择

精轧机是成品轧机, 是热轧带钢生产的核心部分, 轧制产品的质量水平主要取于精轧机组的技术装备水平和控制水平。因此, 为了获得高质量的优良产品, 在精轧机组大量地采用了许多新技术、新设备、新工艺。精轧机组是决定产品质量的主要工序。例如: 带钢的厚度精度取决于精轧机压下系统和 AGC 系统的设备形式。板形质量取决于该轧机是否有板形控制手段和板形控制手段的能力。新轧机通过控制板形的机构, 在轧制过程中适时控制板形变化, 获得好的板形。带钢的宽度精度主要取决于粗轧机, 但最终还要通过精轧机前立辊的 AWC 和精轧机间低惯量活套装置予以保持。

以某厂六架精轧机组为例。六架四辊精轧机纵向排列, 间距为 6000mm。F2 ~ F4 为 HC 轧机, 它可以通过调整中间辊的移动量来改变轧机的横向刚度, 以控制工作辊的凸度, 压下量由于不受板形限制而可适当提高; F5 ~ F6 采用 CVC 轧机, 用于板型及凸度控制。F4 ~ F6 均有弯辊系统。F1 为普通四辊轧机。所有的机架均设有液压伺服阀控制的 AGC 系统。工作辊轴承为四列圆锥滚动, 平衡块中安装工作辊平衡缸 (正弯辊缸)。支撑辊采用油膜轴承并配有静压系统。轧机工作辊轴承座上部 (下部) 装有调整垫片进行补偿, 以保证轧制线水平。F5 ~ F6 安装 ORG 系统用于工作辊表面的在线磨削。轧机进出口安装上下倒卫及倒板, 轧机出口安装有倒辊, 保证带钢平稳输送。轧机进出口均安装冷却水管。工艺润滑安装平台, 平台与地面间装有梯子。

在进入精轧机前, 由于轧件还具有较高的温度, 并且带钢还较厚, 所以 F1 轧机所要起到的作用是在高温有利条件下, 在能保证咬入的条件下进行稍大压下, 此时由于轧辊的弹跳与带钢的厚度及变形量相比是很小的, 所以 F1 使用普通的四辊轧机。F2 ~ F4 精轧过程中, 为了增加对凸度的调节能力, 并可以适当加大压下率, 选择 HC 轧机。最后两道次主要调节板形和凸度选择了 CVC 轧机。各架轧机的参数见表 3 - 2。

表 3 - 2　精轧机的各种性能参数

数量及类型	六架四辊不可逆轧机	
工作辊尺寸	F1	$\phi900mm/\phi750mm \times 1700mm$
	F2 ~ F3	$\phi825mm/\phi735mm \times 1700mm$
	F4 ~ F6	$\phi680mm/\phi580mm \times 1700mm$

数量及类型	六架四辊不可逆轧机
支撑辊尺寸	$\phi1450mm/\phi1300mm\times1700mm$
轧制力（max）	4000t
开口度	50mm(最大辊颈时)
机架	铸钢，封闭式
机架杜面积	约 7400cm²(交叉部分面积 6500cm²)
辊缝调整缸面积	最大 3.0mm/s(当轧制力为 3000t 时)
轧制线调整	由几叠衬板调整，5mm 的调整量，衬板与轴承座的连接在轧辊间进行
轧机驱动	F1～F3 工作辊由调速电机驱动齿轮及一对接轴驱动 F4～F6 轧机工作辊由齿轮机座和一对接轴驱动

3.2.2.5 压下装置

压下装置即上辊调整装置，如图 3 - 17 所示。

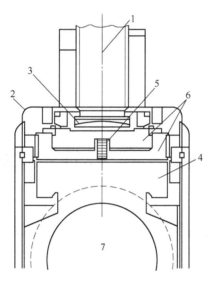

图 3 - 17 液压压下装置

1—压下螺丝；2—牌坊；3—压力块；4—支撑辊轴承座；5—磁尺；6—液压缸；7—支撑辊

按驱动方式分为手动压下、电动压下和液压压下装置。手动压下装置结构简单、价格低，但体力劳动繁重，压下速度和压下能力力小。电动压下装置可用于所有轧机，移动距离、速度和加速度都可达到一定要求，但结构复杂，反应时间长、效率低。液压压下装置主要用于冷热轧板带轧机上，具有较高的相应速度和调整精度，但费用高，控制形成有限。20 世纪 90 年代建设的新热带钢轧机，多数采用液压压下装置，少数轧机采用电动压下加液压压下装置。液压压下装置直接通过安装在牌坊上的横梁与轴承座之间的液压缸进行轧辊位置控制。液压缸的行程有短行程（小于 50mm）、中行程（小于 200mm）、长行程（大于 200mm）。短行程仅作为 AGC 功能之用。中长行程除了有 AGC 功能之外还承担辊缝预设定功能。液压压下比电动压下机构大为简化，而控制精度比电动压下大幅度提高。

3.2.2.6　活套装置

活套装置设置在精轧机组两机架间，是热连轧机组必须配备的，活套装置类型有气动型、电动型、液压型三种形式，目前普遍使用的是电动型和液压型。它的作用是：（1）消除带钢头部进入下机架时产生的活套量；（2）轧制中通过调整活套维持恒张力轧制；（3）施加微张力保持轧制状态稳定。

活套一个完整的起落周期包括起套、活套调整、落套三个部分。起套是带钢咬入下一机架后，活套臂从机械零角开始升起，按给定张力将带钢绷紧的过程。起套过程要求在 1s 内完成，以避免带钢在无张力控制状态下轧制产生厚度波动段过长。活套调整是轧制过程中根据机架间带钢长度的变化调整活套高度实现恒定微张力控制的过程。落套是带钢尾部离开前一机架时，活套降回机械零位以避免带钢甩尾的过程。落套信号由热金属检测器发出，经延时后使活套电机反转落套。落套过程中的活套辊不应突然下降，应使带钢在轧机中顺利通过，落套过程时间要求小于 0.5s。

活套装置要求响应速度快、惯性小、启动快且运行平稳，以适应瞬间张力变化。气动型活套装置现已基本淘汰。电动型活套装置为减小转动惯量，提高响应速度，由过去带减速机改为电机直接驱动活套辊，电机也由一般直流电机改为特殊低惯量直流电机。有的厂家为进一步提高活套响应速度采用了液压型活套，由液压缸直接驱动活套辊，如武钢 2250mm 精轧机活套为液压活套。

随着机架间张力控制技术的进步，部分机架采用微张力无套轧制和张力 AWC 控制，如宝钢 2050mm 精轧机组 F1、F2 机架就采用了上述张力控制技术。

3.3　热连轧板带钢轧制工艺制度的制定

3.3.1　压下规程制定

板带钢轧制压下规程是板带轧制制度（规程）最基本的核心内容，直接关系着轧机的产量和产品质量。压下规程的中心内容就是要确定由一定的板坯轧制成所要求的板带成品的变形制度，即要确定所需要采用的轧制方法、轧制道次和每道压下量的大小，在操作中就是要确定各道次压下螺丝的升降位置（即辊缝的开度）。与此相关的，还涉及各道次的轧制速度、轧制温度及前后张力制度的确定及原料尺寸的合理选择，因而广义上，压下规程的确定也应当包括这些内容。制定压下规程的方法很多，可概括为以下两种：

（1）经验方法，就是按现场经验公式直接分配各道次的压下率和各道次出口的厚度。

（2）理论方法，就是从充分满足前述制定轧制规程的原则出发，按预设的条件通过理论计算或图表方法，以求最佳的轧制规程。也就是根据车间生产的能耗曲线，分配各架能耗负荷来确定压下率以及厚度。现代连轧机组轧制规程设定最常用的方法是"能耗法"，就是从电机能量合理消耗观点出发，按经验能耗资料推算出各架压下量。对于轧机强度日益增大、轧制速度日益提高的现代连轧机而言，电机功率往往成为提高生产能力的限制因素，采用这种方法是比较合理的。

但是，在实际生产中变化的因素太多，特别是温度条件的变化很难预测和控制，事先按理想条件经理论计算确定的压下规程在实际中往往并不能实现。在人工操作时就只能按照实际情况和操作人员的经验随机处理。只有在全面计算机控制的现代化轧机上，才有可能根据具体情况的变化，从上述原则和要求出发，对压下规程进行在线理论计算和控制。

通常在板带钢生产中制定压下规程的方法和步骤为：（1）在咬入能力允许的条件下，按经验分配各道次压下量，这包括直接分配各道次绝对压下量或压下率、确定各道次压下量分配率及确定各道次能耗负荷分配比等各种方法。（2）制定速度制度，计算轧制时间并确定逐道次轧制温度。（3）计算轧制压力、轧制力矩及总传动力矩。（4）校验轧辊等部件的强度和电机功率。（5）按前述制定轧制规程的原则和要求进行必要的修正和改进。

3.3.1.1 粗轧机的压下量分配原则

根据板坯尺寸、轧机架数、轧制速度以及产品厚度等合理确定粗轧机组总变形量及各道次压下量。其基本原则是：

（1）由于在粗轧机组上轧制时，轧件温度高、塑性好、厚度较大，故应尽量利用此有利条件采用大压下量轧制。考虑到粗轧机组与精轧机组之间的轧制节奏和负荷上的平衡，粗轧机组变形量一般要占总变形量的70%～80%。粗轧机组道次最大压下量主要受轧辊强度的限制。

（2）为保证精轧机组的终轧温度应尽可能提高粗轧机组轧出的带坯温度。因此一方面应尽可能提高开轧温度，另一方面尽可能减少粗轧道次和提高粗轧速度，以缩短延续时间，减少轧件的温降。

（3）为简化精轧机组的调整，粗轧机组轧出的厚度范围应尽可能小，并且不同厚度的数目也应尽可能减少。根据不同的带钢厚度和精轧机组的设备能力，一般粗轧机组轧出的带坯厚度为20～40mm（对六机架精轧机组，约为20～32mm；对七机架精轧机组，约为25～40mm）。许多热带钢连轧机，不论板坯及带钢厚度如何，粗轧机轧出的带坯厚度是固定的。当板坯厚度改变时，则改变粗轧机组的压下量；带钢厚度改变时，则改变精轧机组的压下量。

3.3.1.2 精轧机的压下量分配原则

精轧机组的主要任务是在5～7架连轧机上将粗轧带坯轧制成板形或尺寸符合要求的成品带钢，并且保证带钢的表面质量和终轧温度。拟定精轧机组压下规程就是合理分配各架的压下量及确定各架的轧制速度。

精轧机组压下量的分配原则：一般也是利用高温的有利条件，把压下量尽量集中在前几架，在后几架轧机上为了保证板形、厚度精度、表面质量，压下量逐渐减小。为保证带钢机械性能，防止晶粒过度长大，终轧即最后一架压下率不低于10%，此外压下量分配应尽量简化精轧机组的调整，并使轧制力及其轧制功率不超过允许值。

依据以上原则精轧逐架压下量的分配规律是：第一架可以留有余量，即考虑到带坯厚度的可能波动和可能产生咬入困难等，而使压下量略小于设备的允许的最大压下量；中间几架为了充分利用设备能力，尽量以大的压下量轧制；之后各架随着轧件的温降和变形抗力的增大，应减小压下量；为控制带钢的板形、厚度精度和性能质量，最后一架为保证板型良好, 压下量一般在 10% ~15%。

3.3.1.3 综合分析

综合上述分配原则, 以 6 机架精轧机生产 5mm 带钢为例, 总结后所依据的分配原则主要是以下几点:

(1) 粗轧机的压下量占总变形量的 70% ~80%;

(2) 末架轧机的压下率控制在 10% ~15% 之间;

(3) 第一架轧机要求大变形以达到奥氏体的再结晶要求;

(4) F1 轧机的变形量不宜太大, 应留有余量以确保能顺利咬入;

(5) F2 ~ F4 进行稍大的变形, 随后逐道次减小;

(6) 出粗轧机的厚度大致为 20 ~ 35mm。

确定每道次的变形量及出口厚度, 设定铸坯的长度为 10m, 按体积相等可以推算出每道次的长度, 并将这些数据列于表 3 - 3。

表 3 - 3 压下规程

架 数	连铸坯	R1 - 1	R1 - 2	R1 - 3	F1	F2	F3	F4	F5	F6
压下量 h_1/mm	—	45	40	30	10	8.0	6.5	3.0	1.7	0.8
出口厚度 H/mm	150	105	65	35	25	17	10.5	7.5	5.8	5.0
压下率 δ/%	—	30.0	38.1	46.1	28.6	32.0	38.2	28.6	22.7	13.8
每道次长度 L/m	10.0	14.3	22.4	42.9	60.0	88.2	142.9	200.0	258.0	300.0

3.3.1.4 轧机咬入的校核

热轧带钢时咬入角一般为 15° ~22°, 低速咬入时可以取 20°。根据轧制时压下量与咬入角的关系式 $\Delta h = D(1 - \cos\alpha)$, 将各道次压下量及轧辊直径代入可得各轧制道次咬入角见表 3 -4。

表 3 - 4 各轧制道次咬入角

轧制道次	R1 - 1	R1 - 2	R1 - 3	F1	F2	F3	F4	F5	F6
压下量/mm	45	40	30	10	8.0	6.5	3.0	1.7	0.8
辊径/mm	1200	1200	1200	900	825	825	825	680	680
咬入角/(°)	15.74	14.47	13.27	8.54	7.99	6.89	4.87	4.05	2.78

根据计算结果可见咬入不成问题。

3.3.2 速度制度

速度制度是指轧辊转速随时间的变化规律, 它关系到轧机产量、轧制温度计算、主电机能力、操作条件等。合理选择和确定速度制度是轧制规程设计的一项重要内容。

3.3.2.1 粗轧机速度制度

由于板坯较长, 为操作方便, 可采用梯形速度, 如图 3 - 18 所示。

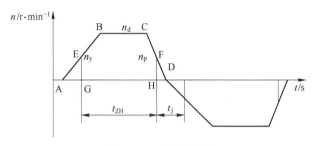

图 3-18 梯形速度图

采用梯形速度图时，纯轧时间 t_{ZH} 为

$$t_{ZH} = \frac{n_d - n_y}{a} + \frac{n_d - n_p}{b} + \frac{1}{n_d}\left(\frac{60L}{\pi D} - \frac{n_d^2 - n_y^2}{2a} - \frac{n_d^2 - n_p^2}{2b}\right) \quad (3-3)$$

式中　n_y, n_d, n_p——分别为咬入转速、最大转速和抛出转速，r/min；

　　　　L——该道次轧制后轧件长度，mm；

　　　　D——工作辊直径，mm；

　　　　a，b——分别为加速度和减速度，r/min·s。

据经验资料，取平均加速度 $a = 15$ r/min·s，平均减速度 $b = 30$ r/min·s。R1 各道次的咬入转速 $n_y = 20$ r/min，最高转速 n_d 等于额定速度，即 $n_d = n_e = 40$ r/min，抛出转速 n_p 也为 20r/min。由于轧件较长，第一架反复轧制 3 道次，取第一道次间隙时间为 2s，第二道次后，需要立辊侧压，间隙时间取为 5s。按照公式求粗轧各道次轧制时间，见表 3-5。

表 3-5　粗轧机各道次纯轧时间

轧制道次	R1-1	R1-2	R1-3
轧后轧件长度/mm	14300	22400	42900
轧制时间/s	5.45	9.42	17.57

所以粗轧总延续时间 $t_{cz} = 5.45 + 2 + 9.42 + 5 + 17.57 = 37.44$ s

3.3.2.2　精轧机速度制度

A　末架轧机出口速度的确定

精轧末架的轧制速度决定着轧机的产量和技术水平。末架轧机出口速度的上限受电机能力和带钢轧后冷却能力的限制，以及产量、设备的限制。确定末架轧制速度时，应考虑保证各主要设备和辅助设备生产能力的平衡；轧制带钢的厚度及钢种等，一般薄带钢为保证终轧温度而用高的轧制速度；轧制宽度大及钢质硬的带钢时，应采用低的轧制速度。一般穿带速度按带钢厚度的不同大致在 4~10m/s。带钢厚度减小，其穿带速度增加；带钢厚度在 4mm 以下时，穿带速度可取 10m/s 左右。近年来出现另一种观点，就是末架速度应该在电机能力允许的条件下，根据最大产量来决定，并且为控制终轧温度而专门设计了在轧制过程中采用大量冷却水来进行控制的系统。

B　其他各机架出口速度的确定

当精轧机组末架出口速度确定后，根据连轧条件——秒流量相等的原则求出各架轧机出口速度。即由公式：$h_1 v_1 = h_2 v_2 = \cdots = h_n v_n = C$ 进行带钢速度的计算，由经验向前依次减小以保持微张力轧制。但是，在设定咬入线速度时，为保证各架之间有微张力，应使各架出口速度略低于下一架入口速度。依据经验第一架精轧机的出口速度是第二架精轧机入口速度的 97%，其余为 99%。

根据已知条件 $H_6 = 5.0\,\mathrm{mm}$，$V_6 = 10\,\mathrm{m/s}$，由 $H_1 V_1 = H_2 V_2 = H_3 V_3 = \cdots = H_6 V_6 = C$ 可以推知精轧机组各架轧机的出口速度分别为

$$H_5 = 5.8\,\mathrm{mm} \quad V_5 = 8.62\,\mathrm{m/s} \qquad H_4 = 7.5\,\mathrm{mm} \quad V_4 = 6.67\,\mathrm{m/s}$$
$$H_3 = 10.5\,\mathrm{mm} \quad V_3 = 4.76\,\mathrm{m/s} \qquad H_2 = 17\,\mathrm{mm} \quad V_2 = 2.94\,\mathrm{m/s}$$
$$H_1 = 25\,\mathrm{mm} \qquad V_1 = 2.00\,\mathrm{m/s}$$

将上述值列于表 3 - 6。

表 3 - 6　各机架速度

机　架	中间坯	F1	F2	F3	F4	F5	F6
出口厚度 H/mm	35	25	17	10.5	7.5	5.8	5.0
入口速度 $V_1/\mathrm{m \cdot s^{-1}}$	—	1.43	2.06	2.97	4.81	6.74	8.71
出口速度 $V_2/\mathrm{m \cdot s^{-1}}$	—	2.00	2.94	4.76	6.67	8.62	10.00

C　精轧机组轧制延续时间

精轧机组间机架间距为 6m，最后一道次纯轧时间为

$$t_{ZH} = \frac{H \cdot L}{h_6 \cdot v_6} = \frac{150 \times 10}{5 \times 10} = 30.0\,\mathrm{s}$$

间隙时间分别为 $t_{j1} = 6/2.00 = 3.00\,\mathrm{s}$，$t_{j2} = 6/2.94 = 2.04\,\mathrm{s}$，$t_{j3} = 6/4.76 = 1.26\,\mathrm{s}$，$t_{j4} = 6/6.67 = 0.90\,\mathrm{s}$，$t_{j5} = 6/8.62 = 0.70\,\mathrm{s}$。

则精轧总延续时间为

$$t_{cz} = t_{ZH} + t_j = 30.00 + 3.00 + 2.04 + 1.26 + 0.90 + 0.70 = 37.90\,\mathrm{s}$$

3.3.2.3　加减速度的选择

近代带钢连轧机一般采用二级加速和一级减速的轧制方法，即带钢在精轧机以恒定速度运转下进行穿带，并在卷取机实现稳定卷取后开始进行第一级加速；待精轧机轧制速度增至某一数值，使设备接近于满负荷运转前，开始第二级加速；当轧机转速达到稳定轧制阶段最大转速的时候加速结束；当带钢尾部离开第三架轧机时以一级减速减至咬入速度，等待下一带钢轧制。

第一级加速数值较高，称为功率加速度（又称为产量加速度），其目的是迅速提高轧制速度，使设备尽快接近满负荷运转，以求最高产量。第二加速度为温度加速度，利用加速轧制时的变形热，给带钢以温度补偿，以减少后续金属与带钢头部的温度差，此加速度数值较前者低，并且其数值的大小视温度差的数值而定。

确定加速度的数值，应该考虑到主电机的功率、带钢的长度、板形、带钢厚度变化、冷却水的控制、卷取温度等因素的影响。仅就轧机本身而言，一级加速度可以达到 $1 \sim 2\,\mathrm{m/s^2}$，但在实际中采用的加速度数值都很低，最高可以达到 $0.5 \sim 1.5\,\mathrm{m/s^2}$。

3.3.3 温度制度

为了正确地计算热轧时各道次的轧制压力，必须尽可能准确地确定各道次轧制温度。各道次轧制温度可由计算逐道次温度降确定。轧制过程中温度变化的主要影响因素有：（1）轧件塑性变形的变形功转化为热能，结果使轧件的温度上升；（2）轧件表面向周围空气介质辐射热量，结果使轧机的温度降低；（3）在变形区内，由于轧件和轧辊表面呈黏着状态，轧件向轧辊进行热传导，轧辊又带走热量，结果使轧件的温度下降。

但高温下辐射散热是主要因素，因此，轧件温度降一般按辐射散热计算，而认为对流和传导所散失的热量与变形功所转化的热量抵消。辐射散热所引起的温度降为

$$\Delta t = T_1 - \frac{T_1}{\sqrt[3]{1 + 30Z\frac{FC}{GP}\left(\frac{T_1}{1000}\right)^3}} \qquad (3-4)$$

式中 T_1——前一道次的绝对温度，K；

$\quad$ Z——辐射时间，即该道次的轧制延续时间，h；

$\quad$ C——辐射常数，对钢轧件 $C \approx 16.75 kJ/m^2 \cdot h \cdot K^4$；

$\quad$ G——轧件质量，kg，$G = bhl\gamma$，γ 为钢的体积质量；

$\quad$ F，P——分别为散热面积（m^2）、热容量，对碳钢 $P = 0.7 kJ/kg \cdot K$。

当轧制延续时间不太长时，为了简化计算，温度降的近似计算公式为

对粗轧和粗轧各道次： $\qquad \Delta t = 12.9\frac{z}{h}\left(\frac{T_1}{1000}\right)^4 \qquad (3-5)$

式中 T_1——前一道次轧制温度，℃；

$\quad$ h——前一道次轧出的厚度，mm；

$\quad$ z——辐射时间，即该道的轧制延续时间，$z = t_{纯} + t_{间}$，s。

轧件各个部位（如头部和尾部）温度降不同，考虑到计算轧制力时偏于安全方面，确定各道温度降时应以尾部为准。

以某厂粗轧3机架精轧6机架生产5mm带钢为例，开轧温度1150℃，根据上述方法得到：

（1）粗轧各道次温度。为了确定各道次轧制温度，必须求出逐道次的温度降。本设计考虑粗轧与精轧设热卷取箱，可以降低中间坯温降，故确定开轧温度为1150℃，带入公式依次得各道次轧后温度，见表3-7。

表3-7 粗轧各道次轧后温度

轧制道次	R1-1	R1-2	R1-3
入口厚度/mm	150	105	65
轧制时间/s	5.45	9.42+2	17.57
轧后温度/℃	1148.08	1144.03	1137.83

（2）精轧各道次温度。粗轧完的中间坯经过一段中间辊道进入热卷取箱，再经过飞剪、除鳞机后，进入精轧机第一架时温度降为1000℃。代入数据可得精轧机组轧制温度，见表3-8。

表 3 - 8　精轧机组轧制温度

轧制道次	F1	F2	F3	F4	F5	F6
入口厚度/mm	35	25	17	10.5	7.5	5.8
轧制时间/s	29.97	29.13	29.71	29.70	29.67	30.00
轧后温度/℃	989.00	973.9	951.4	914.9	863.9	854.1

3.4　热连轧带钢生产仿真操作

轧钢机仿真实训系统软件利用电脑软件三维成像技术和硬件技术相结合, 虚拟出一个与轧钢机相似的工作环境, 在虚拟的环境下迅速完成对轧钢机操作和工作环境的熟悉。这里以星科轧钢仿真实训系统为例来进行热连轧板卷生产操作的学习。

3.4.1　粗轧仿真操作

3.4.1.1　选择计划

点击选择计划 ![选择计划], 完成计划的选择。

3.4.1.2　开轧前准备

(1) 确定辊道是否运转正常, 确保"单选平辊"和"单选立辊"都为灰色未选中状态; "立辊 AWC 缸快开"处于灰色取消状态。

1) 在粗轧 OPU3 界面中, 单击"D 组辊道总选择" ;

2) 确保以下五个按钮都进行了操作:  ;

3) 测试辊道运转正常 辊道运转正常 ⚪ 。

(2) 侧喷水嘴角度调整 (调整为 5°~8°)。

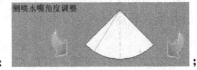

1) 调整侧喷水嘴角的向左和向右的箭头, 如图: ;

2) 直到显示 侧喷水嘴角度正常 ⚪ 。

说明: 侧喷水嘴角度一般是左侧 15°为正常。

(3) E1 立辊中心导板对中调整。

1) 调整"E1 立辊中心导板对中调整"的上、下箭头, 如

图:

;

2) 直到显示  。

说明："E1 立辊中心导板对中调整"一般红线和绿虚线对齐则调整完毕。

（4）调整 HSB 除鳞水正常喷射。

1）在粗轧 OPU2 界面中，对 HSB 除鳞箱进行如下操作：打开→关闭→打开。

2）直到显示  。

（5）确定 E1/R1 轧辊冷却水是否正常。

1）在粗轧 OPU1 界面中，对轧辊冷却水进行如下操作：打开→关闭→打开。

2）直到显示 E1/R1轧辊冷却水正常 。

（6）确定入口、出口侧导板开闭是否正常。

1）在粗轧 OPU2 界面中，选择"入口侧导板"和"出口侧导板" ；

2）选择高速电机 ，点击 ，一会后点击 ，然后点击

 ，一会后点击 ；

3）直到显示 入口、出口侧导板开闭正常 。

3.4.1.3 立辊标定

（1）在"粗轧主界面"上把模式选为标定 。

（2）在"粗轧主界面"上点击"辊径手动输入"按钮，弹出"辊径输入"界面，输入辊径后，点击"确认输入"按钮。

（3）在粗轧 OPU1 界面中，点击"OPU1 解锁"下方按钮把 OPU1 解锁，状态显示为

 ，把模式转换开关打到轧制模式 。

（4）在粗轧 OPU2 界面中，把 OPU2 解锁，点击"立辊 AWC 缸快开"

，然后点击"RE1 HYDQ_ OPEN"。

（5）点击标定弹出界面"立辊实测"，在"立辊实测"界面中，在"准备好立辊开口度实测工具"后打钩，表示准备好了实测工具，状态为 准备好立辊开口度实测工具 ✓。

（6）至此立辊标定的准备工作完成，效果如图3-19所示。

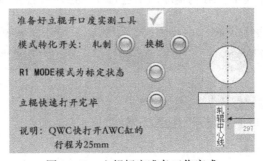

图3-19　立辊标定准备工作完成

（7）将"立辊实测"界面中两个数值相加减去25；点击 CAL/TST RE1-WS ，在后面的输入框中输入 RE1-WS 测得的辊缝值，然后点击其后的 READ 。

（8）点击 CAL/TST RE1-DS ，在后面的输入框中输入 RE1-DS 测得的辊缝值，然后点击其后的 READ 。

说明：辊缝值的计算方法为凸台边缘到轧制中心线的距离减去 AWC 缸的行程，即将"立辊实测"界面中两个数值相加减去25。

3.4.1.4　平辊标定

（1）在粗轧主界面上把模式选为标定 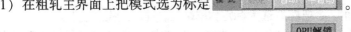。

（2）在粗轧 OPU1 界面中，把 OPU1 解锁 ，把轧辊冷却水打开

，把模式开关开到轧制上

（3）在粗轧 OPU3 界面中，点击"单选平辊" ，然后点击"1 速正

转" 。

（4）在主页面点击"标定"，点击"R1 标定准备"，至此平辊标定准备工作完成，效果如图 3 - 20 所示。

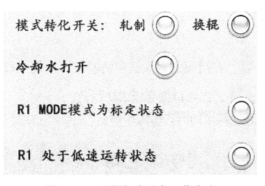

图 3 - 20 平辊标定准备工作完成

（5）在 OPU1 界面中，选择平辊"低速压下选择 WS"和"低速压下选择 DS"侧

，点击"R1 水平压下 1 速压下" ，在主界面上观察平

辊轧制力和，当轧制力和达到 1200t 时，迅速按下"R1 水平压下选择停止" 。
如果此时平辊两侧轧制力偏差在 50t 内，则进行第 6 步，否则进行如下操作：点击"R1 水

平压下 1 速抬起" 至一定高度（大于 50mm），单选平辊 WS 侧，

，点击"R1 水平压下 1 速压下"或"R1 水平压下 1 速抬起"，
对辊缝偏差进行调整，重复进行第 5 步，直到平辊两侧辊缝偏差小于 50t。

（6）点击主界面中"标定"按钮，点击 ，在后面的输入框中输入 0，点

击其后的 ，"开轧前准备"界面中"平辊标定成功"后方的按钮变为绿色。

3.4.1.5 侧导板标定

（1）在 OPU3 界面中停止所有辊道的运转。

（2）在侧导板实测界面中"准备好量尺"后面打钩 准备好量尺 ✓ 。

（3）至此侧导板标定准备工作完成，效果为：
准备好量尺 ✓
辊道停止运转 ○ 。

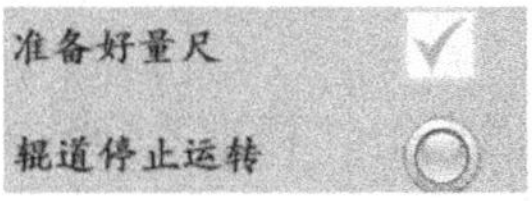

（4）点击  CAL/TST SG-ENT ，在后面的输入框中输入入口侧导板三个测量位置中平均值，然后点击其后的 READ 。

（5）点击  CAL/TST SG-DEL ，在后面的输入框中的输入出口侧导板三个测量位置中的平均值，然后点击其后的  READ ，出入口侧导板成功绿色。

（6）开轧前准备完成，效果如图 3 - 21 所示。

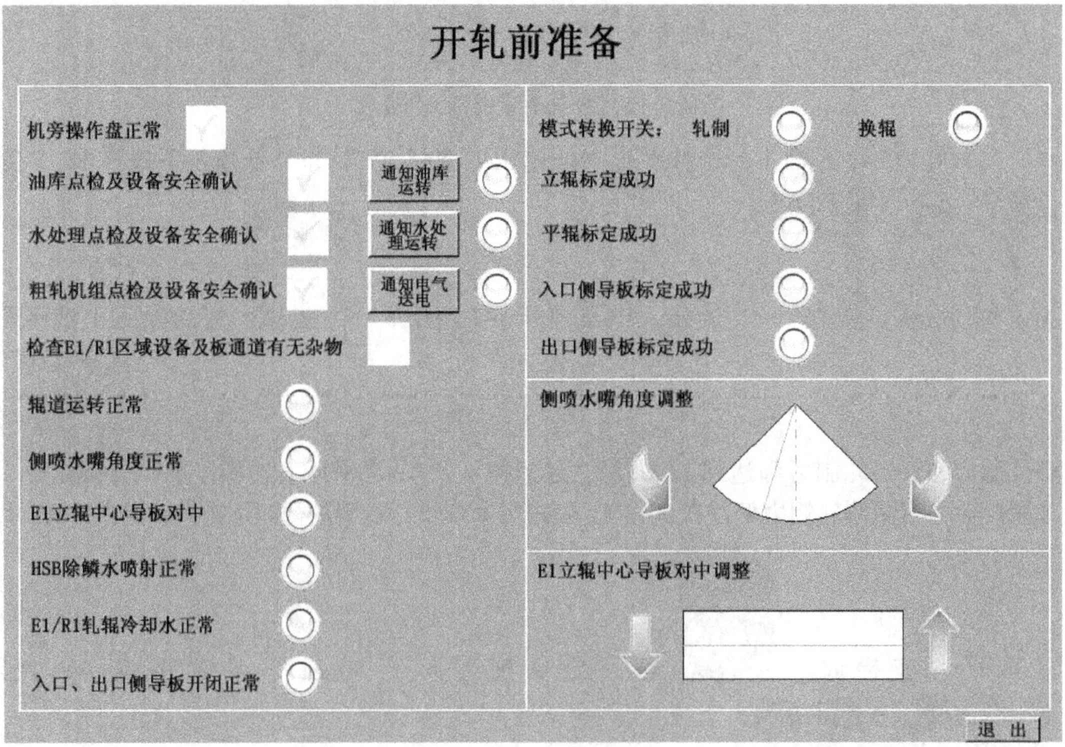

图 3 - 21　开轧前准备

3.4.1.6 粗轧开始

（1）确保"开轧前准备"所有项完成。

（2）主界面上的模式选择为自动 模式 标定 自动 半自动 。

（3）在粗轧 OPU1 界面中点击"轧机自动"  ，模式转换开关打到"轧制"上 轧制 换辊 ，打开冷却水 冷却水开 冷却水关 ，进行开车操作 开车 停车 。

（4）点击开始轧制 开始轧制 。

3.4.2 精轧仿真操作

3.4.2.1 选择计划

进入系统后首先点击 选择计划 按钮，选择计划后点击 选择规程：0 ▼ 按钮，进行规程的选择，规程选择不正确不允许进行轧制。

3.4.2.2 系统检查

选择计划后，应进行系统检查。

点击 系统检查 按钮，选择相应的检查项后确认即可。

3.4.2.3 标定

系统检查通过后，选择 主速度控制 按钮，或在速度控制操作台上，将轧机状态选择为标定状态；后选择 辊缝设定 按钮，进行辊缝标定，选择标定状态 标定 按钮，对每个轧机进行标定，标定完成后选择 自动 状态退出。

选择主画面中 串辊设定 按钮进行串辊的标定，分别选择六架轧机为选中状态，选择状态为标定，再选择 入口 、 出口 、 上侧 、 下侧 按钮，设置每架轧机上下侧的值，点击 确认 按钮，再点击 执行 按钮，完成串辊的标定工作；选择 自动 模式，退出。

选择主画面中 侧导板设定 按钮，进行侧导板的标定；选择 标定 模式，点击 标定 后点击 0.00 ，输入相应的标定值再点击 标定 进行标定，依次标定每一架轧机后，选择　自动　模式后退出即可。

3.4.2.4　选择轧制模式

选择主系统的轧制模式："自动"、"半自动"、"手动"，默认状态下为"自动"模式。

3.4.2.5　转车

在主画面中选择　主速度控制　按钮，或在速度控制操作台上，将轧机状态选择为"轧制"状态退出；在主画面中选择"转车"按钮，转车成功。

3.4.2.6　开始轧制

开始轧制后，轧机按照设定的参数轧制钢块。

3.4.2.7　规程定制

规程的定制可以分别设置以下几项：
(1) 轧机辊缝：可以参照二级模型计算的辊缝值，调整辊缝。
(2) 串辊设定：设定串辊量，串动范围在 $-150 \sim 150$ mm 之间。
(3) 弯辊力：可以参照二级模型计算的弯辊力值，调整弯辊力。
(4) 侧导板：根据二级模型的计算结果，设定侧导板的开口度，设定短行程量。
(5) 轧机速度：根据二级模型计算结果，设定轧机速度。
(6) 活套设定：根据二级模型计算结果，设定活套角度、张力。
(7) 轧机冷却水设定：根据需要设定轧机冷却水。

3.4.3　卷取仿真操作

3.4.3.1　卷取设定

在卷取主画面点击　卷取设定　按钮，进入卷取设定画面，如图 3 – 22 所示。

"手动"模式下，在卷取设定画面，输入"设定值"，点击　OK　按钮，设定值传给"给定值"。点击　返回卷取主画面　按钮返回到卷取主画面。

3.4.3.2　速度设定

在卷取主画面点击　速度设定　进入速度设定画面，如图 3 – 23 所示。

调整"超前率"、"滞后率"后点击　读取　，超前率、滞后率在当前基础上增加或者减小调整值，对应的速度也发生变化。

3.4.3.3　卷取机辊缝

在卷取主画面点击　卷取机辊缝　，进入卷取机辊缝画面，如图 3 – 24 所示。

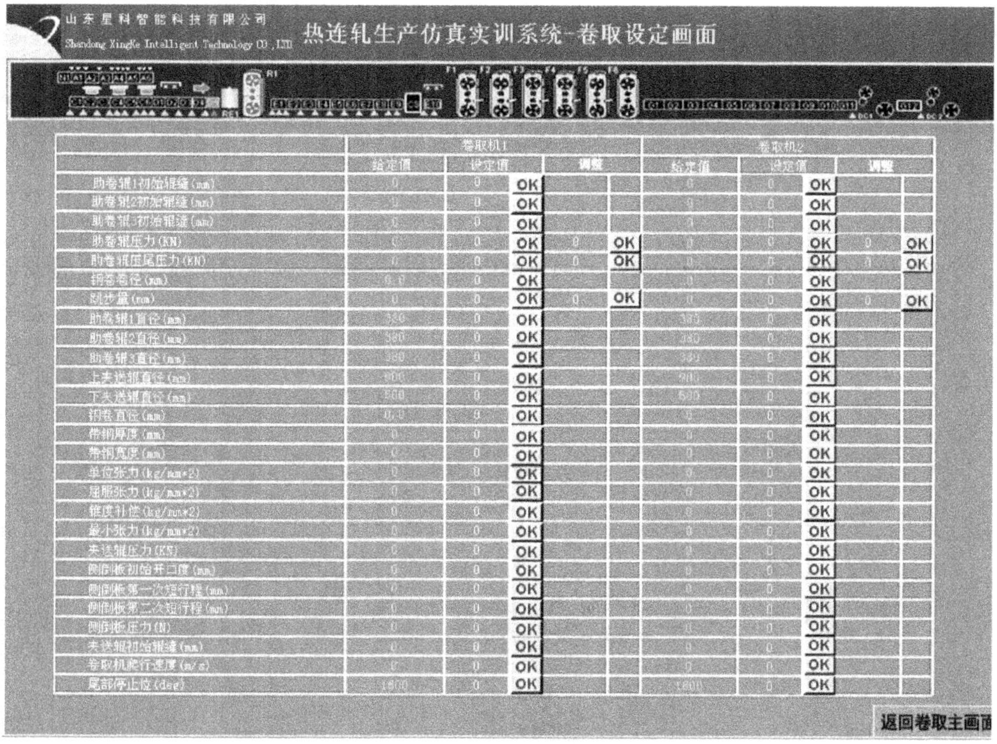

图 3 – 22　卷取设定画面

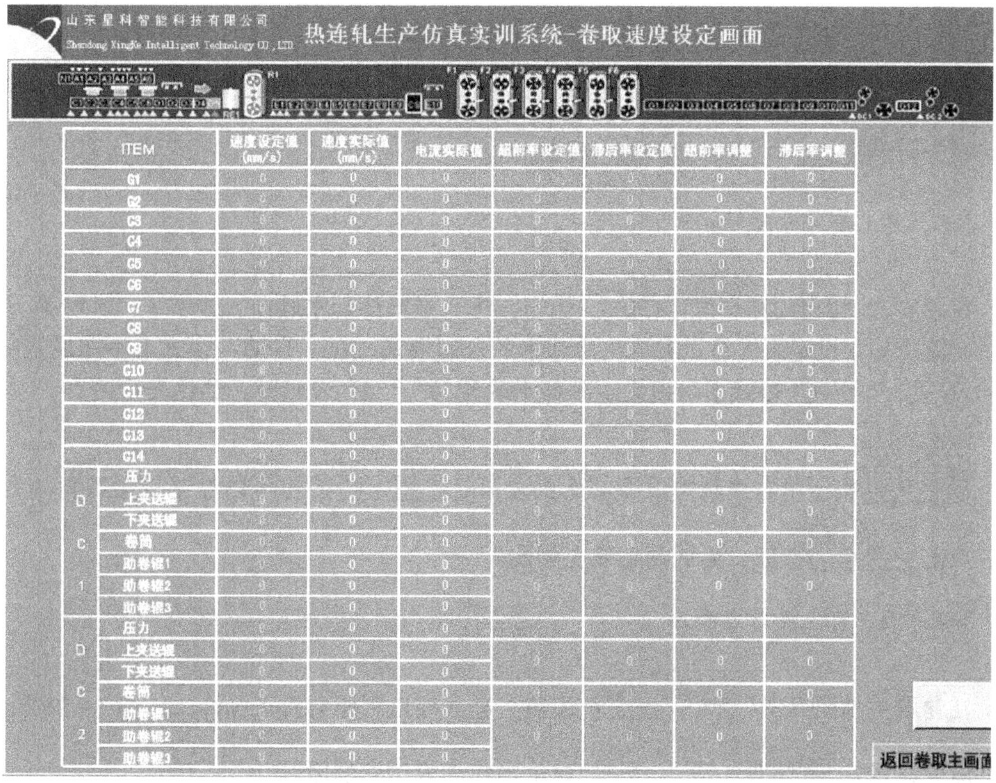

图 3 – 23　速度设定画面

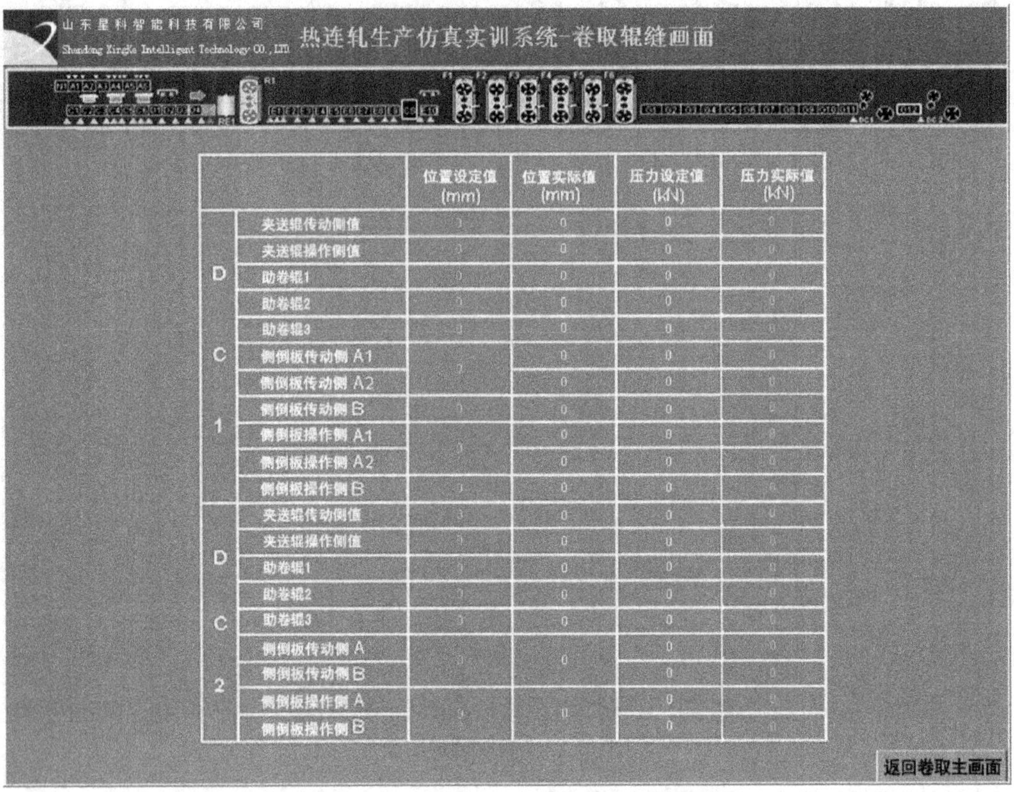

		位置设定值 (mm)	位置实际值 (mm)	压力设定值 (kN)	压力实际值 (kN)
D	夹送辊传动侧值	0	0	0	0
	夹送辊操作侧值	0	0	0	0
	助卷辊1	0	0	0	0
	助卷辊2	0	0	0	0
C	助卷辊3	0	0	0	0
	侧倒板传动侧 A1	0	0	0	0
	侧倒板传动侧 A2	0	0	0	0
1	侧倒板传动侧 B	0	0	0	0
	侧倒板操作侧 A1	0	0	0	0
	侧倒板操作侧 A2	0	0	0	0
	侧倒板操作侧 B	0	0	0	0
D	夹送辊传动侧值	0	0	0	0
	夹送辊操作侧值	0	0	0	0
	助卷辊1	0	0	0	0
	助卷辊2	0	0	0	0
C	助卷辊3	0	0	0	0
	侧倒板传动侧 A	0	0	0	0
	侧倒板传动侧 B	0	0	0	0
2	侧倒板操作侧 A	0	0	0	0
	侧倒板操作侧 B	0	0	0	0

图 3 - 24　卷取机辊缝画面

在卷取机辊缝画面显示位置设定值、位置实际值、压力设定值、压力实际值。点击 返回卷取主画面 按钮，返回到卷取主画面。

3.4.3.4　卷筒冷却水设定

在卷取主画面点击 卷筒冷却水设定 按钮，进入卷筒冷却水画面，如图 3 - 25 所示。

卷筒冷却水设定画面显示卷取机冷却水的控制模式，在"自动"模式下不能设定冷却水的开/关，"手动"模式下可以设定冷却水的开/关，绿色表示开，红色表示关。

ALL ON 按钮可以控制辊道冷却水的全开， ALL OFF 按钮可以控制辊道冷却水的全关。点击 退出 按钮，返回到卷取主画面。

3.4.3.5　夹送辊压力修正

在卷取主画面点击 夹送辊压力修正 按钮，进入夹送辊压力修正画面，如图 3 - 26 所示。

厚度显示： 当前厚度：　　　　0 ，显示当前卷取钢卷的厚度。

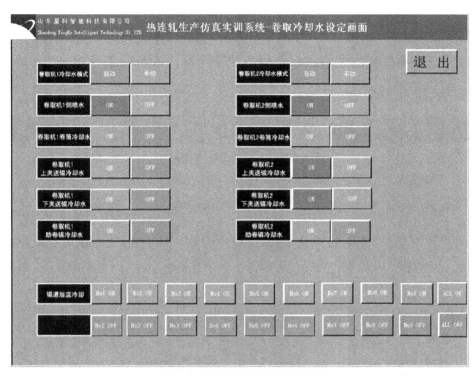

图 3 – 25　卷筒冷却水设定画面

	1#夹送辊		2#夹送辊	
	二级设定	0	二级设定	0
	厚度范围	修正值	厚度范围	修正值
DS	H>4.1	0	0<H≤12.7	0
	3.6<H≤4.1	0		
	3.1<H≤3.6	0		
	2.6<H≤3.1	0	DS综合	0
	2.1<H≤2.6	0		
	H≤2.1	0	5.0<H≤12.7	0
	DS综合	0	4.1<H≤5.0	0
WS	H>4.0	0	3.6<H≤4.1	0
	3.6<H≤4.0	0	3.1<H≤3.6	0
	3.1<H≤3.6	0	2.8<H≤3.1	0
	2.8<H≤3.1	0	2.6<H≤2.8	0
	2.6<H≤2.8	0	2.1<H≤2.6	0
	2.1<H≤2.6	0	1.6<H≤2.1	0
	H≤2.1	0	H≤1.6	0
	WS综合	0	WS综合	0

图 3 – 26　夹送辊压力修正画面

3.4.3.6 模式控制

在卷取主画面点击 模式控制 ，进入模式控制界面，如图 3 – 27 所示。

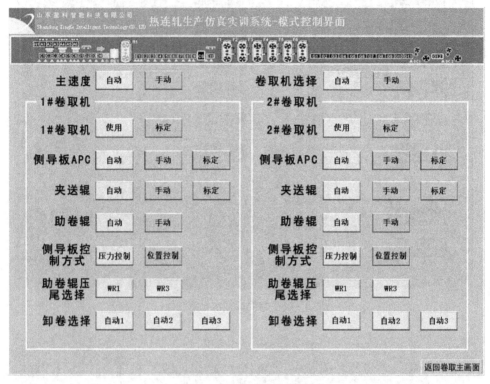

图 3 – 27 模式控制界面

（1）主速度模式控制： 主速度 自动 手动 ，设定夹送辊、助卷辊、卷筒的操作模式，选择的操作模式显示为绿色。

（2）卷取机选择控制方式： 卷取机选择 自动 手动 ，选择的控制模式显示为绿色，如果卷取机选择设定为"自动"，钢块卷取完毕后，会自动跳转到另一个卷取机；如果卷取机选择设定为"手动"，钢块卷取完毕后，需要手动选择下一个工作的卷取机。

（3）卷取机的工作模式： 1#卷取机 使用 标定 ，"使用"模式选择后，才可以对卷取机进行操作。选择"标定"模式后，可以对卷取机进行标定。

（4）夹送辊控制模式： 夹送辊 自动 手动 标定 ，设定夹送辊的工作模式，只有在卷取机设定为"标定"模式后，才可以标定夹送辊。

（5）侧导板控制模式： 侧导板APC 自动 手动 标定 ，设定侧导板的工作模式，只有在卷取机设定为"标定"模式后，才可以标定侧导板。

（6）助卷辊控制模式： 助卷辊 自动 手动 ，设定助卷辊的工作模式，只有在卷取机设定为"标定"模式后，才可以标定助卷辊。

（7）侧导板控制方式： 侧导板控 制方式 压力控制 位置控制 ，设定侧导板的控制方式。

（8）助卷辊压尾选择： 助卷辊压 尾选择 WR1 WR3 ，选择压尾的助卷辊。

（9）卸卷选择： 卸卷选择 自动1 自动2 自动3 ，选择卸卷的控制方式。自动 1 的动作包括：当钢卷即将卷完时，卸卷小车预升，当卷取完毕后执行二次升（卷径 + 200mm），然后同步执行卷筒缩、助卷辊打开、活动支撑打开；自动 2 的动作包括：卸卷小车行走至打捆位置，卸卷小车下降，然后同步执行活动支撑关闭、卷筒欲涨、助卷辊回抱；自动 3 的动作包括：打捆机打捆，运卷小车后退至极限位置，上升，托起钢卷，行走至运输链，然后下降，将钢卷放在 1#CV 上，然后后退到中间位。如果未选择自动 1，直接选择自动 2，需要自动 1 的动作全部手动执行完毕后，才能选择。

 思考题

3 - 1　热连轧带钢车间布置形式有哪些？

3 - 2　热连轧的生产工艺流程是什么？

3 - 3　精轧机组的布置形式有哪些？

3 - 4　压下装置的类型有哪些？

3 - 5　卷取机的组成及各部分的作用是什么？

情境 4 冷轧板带钢生产工艺与设备

钢的冷轧是在 19 世纪中期始于德国，当时只能生产宽度 20~25mm 的冷轧钢带。美国 1859 年建立了 25mm 冷轧机，1887 年生产出宽度为 150mm 的低碳钢带。1880 年以后冷轧钢带生产在美国、德国发展很快，产品宽度不断扩大，并逐步建立了附属设备，如剪切、矫直、平整和热处理设备等，产品质量也有了提高。

宽的冷轧薄板（韧带）是在热轧成卷带钢的基础上发展起来的。首先是美国早在 1920 年第一次成功地轧制出宽带钢，并很快由单机不可逆轧制跨入单机可逆式轧制。1926 年阿姆柯公司巴特勒工厂建成四机架冷连轧机。

原苏联开始冷轧生产是在 20 世纪 30 年代中期，第一个冷轧车间建在伊里奇冶金工厂，是四辊式，用单张的热轧板作为原料。1938 年在查波罗什工厂开始安装从国外引进的三机架 1680mm 冷连轧机及 1680mm 可逆式冷轧机，生产厚度为 0.5~2.5mm、宽度为 1500mm 的钢板。以后为了满足汽车工业的需要，该厂又建立了一台 2180mm 可逆式冷轧机。1951 年苏联建设了一套 2030mm 全连续式五机架冷连轧机，年产 250 万吨，安装在新利佩茨克。

日本 1938 年在东洋钢板松下工厂安装了第一台可逆式冷轧机，开始冷轧薄板的生产。1940 年在新日铁广畑厂建立了第一套四机架 1420mm 冷连轧机。

我国冷轧宽带钢的生产开始于 1960 年，首先建立了 1700mm 单机可逆式冷轧机，以后陆续投产了 1200mm 单机可逆式冷轧机，MKW1400mm 偏八辊轧机、1150mm 二十辊冷轧机和 1250mmHC 单机可逆式冷轧机等，20 世纪 70 年代投产了我国第一套 1700mm 连续式五机架冷轧机，1988 年建成了 2030mm 五机架全连续冷轧机。现在我国投入生产的宽带钢轧机有 35 套，窄带钢轧机有 1000 套。在这 40 多年中，我国冷轧薄板生产能力增加了 40 多倍，到 2000 年我国薄板钢产量已达到 1900 多万吨，生产装备技术水平已由只能生产低碳薄板而发展到能生产高碳钢、合金钢、高合金钢、不锈耐热冷轧薄板、镀锌板、涂层钢板、塑料复合薄板和硅钢片等。但随着四化建设的发展，无论在数量和品种质量上都远远满足不了四化建设发展的需要，为此我们必须增建新轮机，改造现有冷轧机，大力发展冷轧生产。

当前，大力发展冷轧带钢生产，逐步提高冷轧带钢在轧钢产品中的比例，迅速提高冷轧带钢的质量，不断增加冷轧带钢的品种，满足各个生产部门，特别是与人民密切相关的民用工业以及外贸出口等对冷轧带钢急剧增长的需要，是重型机械制造和钢铁生产部门面临的一项重要而又十分紧迫的任务。

21 世纪中国钢铁工业已经迈入了一个新台阶，中国的冷轧带钢的生产能力提高很快，但是，还是满足不了汽车等工业对冷轧材料的需求，尤其是对冷轧钢板的质量提出更加严格的要求。因此，要进一步创新理论，改善轧钢生产工艺流程，进而改变带钢的力学性能，更好满足国民生产的需要，为全面建设中国特色社会主义提供坚实的保障。

冷轧薄板带钢产品包括冷轧板、金属镀层薄板、深冲钢板、电工用硅钢板和不锈钢板，其中冷轧带钢，特别是冷轧宽带钢，自 20 世纪 30 年代开始应用以来，日益显示出其重要性。特别是几十年内，汽车制造业、仪表工业、家庭用品、包装工业以及机器制造和建筑方面，对冷轧带钢的需求急剧增加。与此相适应的是，冷轧带钢的生产方法和各个生产领域的技术也有了迅猛的发展。

冷轧带钢的用途极广。低碳镇静钢和沸腾钢的冷轧薄板，可以制造汽车车身、冰箱外壳以及许多其他冲压件及深冲件；低碳镇静钢和沸腾钢的冷轧镀锡板可以制造罐头盒、喷雾器筒及类似产品；由 X12CrNi18 和 X5Cr7 钢制成的冷轧不锈带钢，可以用来制造化工设备、洗涤机、冲洗槽和餐具等；经冷轧和随后退火的电工硅钢带，可用于制造如电动机、变压器、发电机和各种其他电器设备的电磁回路中的铁芯叠片。高碳冷轧调质带钢及其他经热处理的带钢，可用来制造可淬硬的部件，如弹簧板或锯片。

电镀锌、热镀锌、镀镍、镀铬、镀铜、镀铝或涂塑料的带钢比例不断增加。它们有多方面的用途，例如热镀锌钢板（有一部分涂漆或塑料），在建筑工程中用作建筑物的外墙皮；而镀镍、镀铬和镀铜带钢，则多用来制作装饰件。

4.1 冷轧板带钢的品种、规格与分类

冷轧钢板和带材的品种很多，国家标准作了相应规定，见表 4-1 和表 4-2。

表 4-1 冷轧钢板的品种和规格

冷轧钢板品种	厚度范围/mm	宽度范围/mm
普通薄钢板	0.2 ~ 4.0	500 ~ 1500
合金结构钢板	0.2 ~ 4.0	500 ~ 1500
深冲钢板	0.8 ~ 3.0	约 2000
弹簧钢板	0.7 ~ 4.0	500 ~ 1500
不锈钢板	0.5 ~ 4.0	500 ~ 1500
电工硅钢板	0.1 ~ 1.0	600 ~ 1000
纯铁薄板	0.2 ~ 4.0	500 ~ 1500
酸洗钢板	0.25 ~ 2.0	400 ~ 1000
镀锌钢板	0.35 ~ 1.5	400 ~ 1000
镀铅钢板	0.50 ~ 0.80	600 ~ 1000
镀锡钢板	0.15 ~ 0.55	550 ~ 1100

表 4-2 冷轧钢带的品种和规格

冷轧钢带品种	厚度范围/mm	宽度范围/mm
普通冷轧钢带	0.05 ~ 3.0	5 ~ 200
冷轧焊管坯	0.50 ~ 4.0	50 ~ 500
冷轧冲压钢带	0.05 ~ 3.6	4 ~ 300
碳素结构钢带	0.1 ~ 3.0	4 ~ 200
弹簧、工具钢带	0.1 ~ 3.0	4 ~ 200
不锈钢带	0.05 ~ 2.5	20 ~ 400
热镀锡钢带	0.08 ~ 0.52	90 ~ 300

冷轧板带钢中需要量最大的有深冲钢板、镀层钢板和电工硅钢板 3 大品种，它们的特点有：

（1）深冲钢板主要用于汽车钢板，特点是宽度较大，钢板表面要求平滑洁净，对钢板厚度公差及板形要求也十分严格。在冷状态下，钢板具有较好的加工和焊接性能，一般均为优质低碳结构钢（碳的质量分数低于 0.09%），结晶组织是均匀的等轴铁素体细晶粒（晶粒度 6～7 级），加少量粒状珠光体或渗碳体的组织。

（2）镀锡钢板一般多为沸腾钢或封顶钢。它的特点是除了具有良好的深冲性能外，还具有很好的耐蚀性和良好的外观质量，能够进行精美的印刷和涂饰。因此，它是罐头食品工业的重要材料，也广泛用于制盒、玩具和日用品工业中。

除了镀锡钢板外，还有镀锌、镀铝、镀铅及搪瓷板、塑料覆层板等。镀锌板抗大气腐蚀性能较好，表面美观，加工性能也较好，大多用于建筑工业和容器等日用品工业。镀铝板耐高温氧化性能甚好，为普通钢板的 3～5 倍，多用于热处理炉的内罩及热气流导管等。镀铅板对汽油有很好的耐蚀性，主要用于汽车油箱等处。塑料覆层钢板具有良好的耐酸、耐蚀等塑料的固有性能，可与基体钢板同时冲压焊接，而且色泽鲜艳，现已用于车辆、船舶、建筑、器具等制造业中。

（3）电工硅钢板主要是硅钢薄板，硅的质量分数为 0.5%～5%。它是制造电机、电器和变压器铁芯的材料，以要求电磁性能为主（磁导率高和铁损低），也要求板形好、尺寸公差小（得到较高的充填系数）及表面带有优良的绝缘薄膜。此外，还有工业钝铁，它的主要特点是成本低，磁导率高，加工性能好，也是制造电机和电器的适用材料。

冷轧电工硅钢板的铁损较热轧电工硅钢板减少 50%，磁感值提高 30%，相应可减少钢材用量达 20%～30%，而且也节约了电能和铜导线等材料。

冷轧硅钢薄板的硅的质量分数小于 3.5%，可分为取向硅钢薄板（用于变压器制造）和非取向硅钢薄板（用于电机制造）两大类。

此外还有弹簧、工具、耐热及不锈等冷轧薄钢板，虽然这些品种需求量都不大，但却是国民经济发展和国防现代化所必需的关键性产品。

各种冷轧钢带还可按照制造精度、表面状态、表面颜色、边缘状态、用途、材料状态、力学性能和表面质量等 8 个方面进行分类，其分类情况和规定符号见表 4-3。

表 4-3　冷轧钢带分类

分　类	规定符号					生产钢号及分组
	冷轧普通碳素钢带	冷轧优质碳素钢带	冷轧弹簧工具钢带	冷轧低碳钢带	热处理弹簧钢带	
（1）按制造精度分： 　普通精度钢带； 　宽度精度较高的钢带； 　厚度精度较高的钢带； 　宽度、厚度精度较高的钢带； 　较高精度钢带； 　高级精度钢带	P K H KH	P K H KH	P K H KH	P K H KH	P J G	

续表 4 - 3

分　类	规定符号					生产钢号及分组
	冷轧普通碳素钢带	冷轧优质碳素钢带	冷轧弹簧工具钢带	冷轧低碳钢带	热处理弹簧钢带	
（2）按表面状态分： 光亮钢带； 不光亮钢带； 磨光钢带； 不磨光钢带	G BG	G BG	G BG		M BM	
（3）按表面颜色分： 抛光钢带； 光亮钢带； 经色调处理的钢带； 灰暗色钢带					PO Gn S A	（1）冷轧碳素钢带用碳素结构钢生产； （2）冷轧优质碳素钢带用 15、20、25、30、35、40、45、50、55、60、65 和 70 钢生产； （3）冷轧弹簧钢带用 T7 ~ T13、T8MnA、T7A ~ T13A（不包括 T11 及 T11A）生产，冷轧工具钢带用 Cr06、8CrV、W9Cr4V、W18Cr4V、50CrVA、65Si2MnVA、60Si2Mn、60Si2MnA、70Si2CrA 生产； （4）冷轧低碳钢带用 08、10、Q195 或 05F、08F、10F 生产； （5）热处理弹簧钢带用 T7A ~ T10A、65Mn、60Si2MnA、70Si2CrA 生产； 按强度分 3 级： Ⅰ级为 1300 ~ 1600Mpa； Ⅱ级为 1610 ~ 1900Mpa； Ⅲ小于 1900MPa
（4）按边缘状态分： 切边钢带； 不切边钢带； 磨边钢带； 压扁钢丝制的钢带	Q BQ	Q BQ	Q BQ	Q BQ	Q M Y	
（5）按用途分： 食品工业用； 非食品工业用					S F	
（6）按材料状态分： 冷硬钢带； 退火（再结晶退火）钢带； 球化退火钢带； 特软钢带； 软钢带； 半软钢带； 低硬钢带		I T	I T QT	I TR R BR dI		
（7）按强度分： 一级强度钢带； 二级强度钢带； 三级强度钢带					Ⅰ Ⅱ Ⅲ	
（8）按力学性能分： Ⅰ级钢带； Ⅱ级钢带； Ⅲ级钢带	Ⅰ Ⅱ Ⅲ					
（9）按表面质量分： Ⅰ级钢带； Ⅱ级钢带； Ⅲ级钢带			Ⅰ Ⅱ Ⅲ			

4.2　冷轧板带钢生产工艺

4.2.1　冷轧板带钢生产的工艺特点

冷轧是指在结晶温度以下的轧制。通常是在常温条件下轧制。

采用冷轧的原因是由于当薄板带钢厚度小至一定限度（小于 1mm）时，保温和均温很困难，也很难实现热轧，同时随着钢板宽厚比的增大，在无张力的热轧条件下，要保证良好的板形也是非常困难的，而采用冷轧的办法刚好可以较好地解决这个问题。首先，它不存在降温和温度不均的问题，因而可以生产很薄、尺寸公差很严和长度很大的板卷。其次冷轧带钢表面光洁度很高，还可根据不同要求赋予不同表面。此外，近年来从降低总能耗角度考虑，冷轧又是能够大大降低能耗的一种加工方法。综上可以看出冷轧方法是一种优良的带钢加工方法。

冷轧带钢最大的优点是表面质量和尺寸精度高，而且较之热轧可以获得良好的力学性能。通过冷轧变形和热处理的恰当配合，不仅可以比较容易地满足用户对各种产品规格和综合性能的要求，还特别有利于生产某些需要有特殊结构和性能的重要产品。冷轧带钢的轧制工艺特点主要有以下几个方面：

（1）加工温度低，在轧制中将产生不同程度的加工硬化。由于加工硬化，使轧制过程中金属变形抗力增大，轧制压力提高，同时还使金属塑性降低，容易产生脆裂。当钢种一定时，加工硬化的剧烈程度与冷轧变形程度有关。当变形量加大使加工硬化超过一定程度后，就不能继续轧制。因此带材经受一定的冷轧总变形量之后，往往需经软化热处理（再结晶退火或固溶处理等），使之恢复塑性，降低抗力以利于继续轧制。生产过程中每两次软化热处理之间所完成的冷轧工作，通常称为轧制行程。在一定轧制条件下，钢质越硬，成品越薄，所需的轧制行程越多。由于加工硬化，成品冷轧带钢在出厂之前一般也需要一定的热处理，例如最通常的再结晶退火处理，以使金属软化，全面提高冷轧产品的综合性能或获得所需的力学性能。

（2）冷轧中要采用工艺冷却和润滑（工艺冷润）。

1）工艺冷却。冷轧过程中产生的剧烈变形热和摩擦热使轧件和轧辊温度升高，故必须采用必要的人工冷却。实验研究和理论分析表明，冷轧带钢的变形功约有 84% ~88% 转变为热能，使轧件与轧辊温度升高。因此必须加强冷轧过程中的冷却才能保证轧制过程的顺利进行。从式（4-1）中可以看出变形发热率 q 与其他轧制因素的关系：

$$q = \frac{\Phi \cdot \eta \cdot B}{J} \cdot \bar{p} \cdot \Delta h \cdot v \qquad (4-1)$$

式中　　q——变形发热率；

　　　　Φ——0.84 ~0.88 修正系数；

　　　　η——小于 1 的修正系数；

　　　　J——机械功热当量；

　　　　B——板坯宽度；

　　　　Δh——压下量；

v——轧机速度；

$\bar{p}$——轧制时的平均单位压力。

水是比较理想的冷却剂，因其比热容大，吸热率高且成本低廉。油的冷却能力则比水差得多。表4-4中给出了水与一些润滑油吸热性能的比较，显示水的比热比润滑油大一倍。因此轧制薄规格的高速冷轧机的冷却系统往往是以水代油，以显著提高吸热能力。

增加冷却液在冷却前后的温度差也是充分提高冷却能力的重要途径。因此可以用高压空气将冷却液雾化，或者采用特制的高压喷嘴喷射，冷却液在雾化时本身温度下降，所产生的微小液滴在接触高温板面和辊面时蒸发，带走大量热量，使整个冷却效果大大改善。另外，轧辊温度的反常升高和轧辊温度分布规律的反常或突变均可导致正常轧辊形状的破坏，直接有害于板形与轧制精度。同时轧辊温度过高也会使冷轧工艺润滑剂失效，使冷轧不能顺利进行。

表4-4 水与润滑油的吸热性能比较

种类 \ 项目	比热容/J·kg^{-1}·K^{-1}	热导率/W·m^{-1}·K^{-1}	沸点/℃	挥发潜热/J·kg^{-1}
油	2.093	0.146538	315	209340
水	4.197	0.54847	100	2252498

综上所述，为保证冷轧正常生产，对轧辊和轧件应采取有效的冷却和控温措施。

2）工艺润滑。冷轧采用工艺润滑的主要作用是减小金属的变形抗力，这不但有助于保证已有的设备在其能力条件下实现更大的压力，而且还可使轧机能够经济可行地生产厚度更小的产品。此外，采用有效的工艺润滑也直接对冷轧过程的发热率以及轧辊的温升起到良好的影响。在轧制某些品种时，采用工艺润滑还可以起到防止金属粘辊的作用。

生产与试验表明，采用天然油脂在润滑效果上优于矿物油，冷轧润滑效果的优劣虽然是衡量工艺润滑剂的重要指标，但一种真正的有经济实用价值的工艺润滑剂还应具有来源广、成本低、便于保存，并且易于从轧后的板面去除，不留影响质量的残渍等特点。目前只有为数不多的几种工艺润滑剂能够较全面满足上述要求。现在常用的一种润滑剂为乳化液，能够基本满足以上要求。

（3）冷轧中要采用张力轧制。所谓张力轧制就是轧件的轧制变形是在一定的前张力和后张力作用下实现的。张力的主要作用是：1）防止带材在轧制过程中跑偏；2）使所轧带材保持平直和良好的板形；3）降低金属变形抗力，便于轧制更薄产品；4）可以起到适当调整冷轧机主电机负荷的作用。

带材在任何时刻下的张应力 σ_z 可用下式表示：

$$\sigma_z = \sigma_{z0} + \frac{E}{l_0} \int_{t_0}^{t_1} \Delta v \mathrm{d}t \qquad (4-2)$$

同理，设带材断面积为 A，则总张力为

$$Q = A\sigma_z \quad 或 \quad Q = A\sigma_{z0} + \frac{AE}{l_0} \int_{t_0}^{t_1} \Delta v \mathrm{d}t \qquad (4-3)$$

式中 l_0——带材上 a、b 两点间的原始距离；

σ_{z0}——带材原始张力；

Δv——b 点速度 v_b 与 a 点速度 v_a 之差，$\Delta v = v_b - v_a$；

E——带材的弹性模量。

由式（4-2）和式（4-3）可知，张力 σ_z 的产生与变化最终归结为 Δv 的产生与变化规律。无论是单机可逆轧制还是连续轧制，其张力的产生与变化在本质上均与此相同。

4.2.2　冷轧板带钢生产的工艺流程

冷轧薄板生产的一般工艺流程如图 4-1 所示。

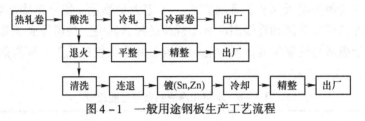

图 4-1　一般用途钢板生产工艺流程

冷轧板带的轧制方法虽有单张和成卷、单机座和多机座之分，但它们的生产工艺过程却基本相似。冷轧薄板、带钢中有 3 大典型产品，分别为镀层板、汽车板与电工硅钢板。其生产工艺流程大致如图 4-2 所示。

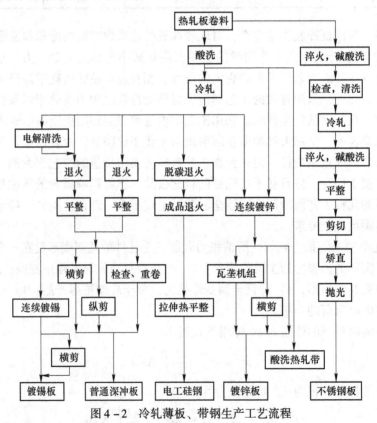

图 4-2　冷轧薄板、带钢生产工艺流程

4.2.3　冷轧薄带钢生产的发展概况

薄板、带钢的生产技术是钢铁工业发展水平的一个重要标志。薄钢板除了供汽车、农机、化工、食品罐头、建筑、电器等工业使用外，还与日常生活有直接关系，如家用电冰箱、洗衣机、电视机等都需要薄钢板。因而在一些工业发达的国家中，薄钢板占钢材的比例逐年增加，在薄板、带钢中，冷轧产品占很大一部分。

冷轧生产最初是在二辊轧机、四辊轧机上进行的。随着科学技术和工业的发展，需要更薄、质量要求更高的带材，尤其是仪表、电子、通信设备上需要极薄带材。四辊轧机往往不能满足这一要求，这样便出现了新型结构的轧机，如六辊轧机、十二辊轧机、二十辊轧机、偏八辊轧机和其他复合式多辊冷轧机，如图 4-3 所示。

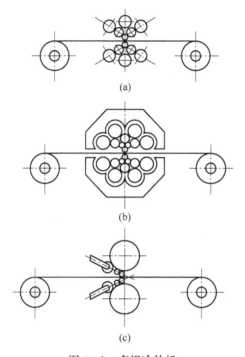

图 4-3　多辊冷轧机
（a）十二辊轧机；（b）二十辊轧机；（c）偏八辊轧机

冷轧带钢可以用单机和多机架连轧机来生产，目前主要采用三机架到六机架四辊冷连轧机，这种轧机的特点是生产率高，机械化、自动化程度高，产品质量好。

近年来，冷轧带钢生产技术的发展主要有以下几个方面：

（1）增加钢卷质（重）量。增加钢卷质量是提高设备生产能力的有效方法，因为冷轧带钢是以钢卷方式生产的，每一个钢卷在送到机组内轧制或处理前，都必须经过拆捆、开卷、穿带，然后加速到正常速度工作，在每一卷终了时又需要有减速、剪切、卷取及卸卷的过程，占用较多的生产时间。钢卷质量增大后，可相应地增加作业的时间，而且由于每卷带钢长度的增加，带钢在稳定速度下轧制的时间也相应增加，机组的速度才能真正得到提高，带钢的质量也才能得以改善。然而，钢卷质量也不可无限制地增加，它受到开卷机、卷取机等机械设备的结构与强度的限制，也受到电动机调速范围的限制，而且卷重太大还会给车间内钢卷的运输和存放带来困难。目前，冷轧带卷的质量已达 40t，个别的达到 60t，以带钢单位宽度计算的卷重达到 30 ~ 36kg/mm。

（2）提高机组和轧机的速度。以五机架轧机为例，20 世纪 50 年代大部分轧机速度在

20m/s 左右，20 世纪 60 年代以来已逐步提高到 30m/s 左右，最高轧制速度达 37.5m/s。六机架冷连轧机的最高轧制速度已超过了 40m/s。但是，轧制速度的进一步提高会受到工艺润滑材料与方式的限制。

其他作业线（如单机架平整机组、双机架平整机组、各剪切机组、连续热镀锌机组、酸洗机组、电镀锡机组等）的机组速度也都相应提高。

（3）提高产品厚度精度。为提高冷轧带钢的厚度精度，在冷轧机上采用了全液压压下装置，以便增加轧机压下装置的反应速度，并采用了带钢厚度自动控制装置。对于高速、高产量的带钢冷连轧机，实现了计算机控制。

（4）改善板形。在带钢冷连轧机上，广泛采用液压弯辊装置来改善板形。

（5）提高自动化程度。在生产操作自动化方面，普遍采用各种形式的极限开关、光电管等，对每个动作实行自动程序控制，实现了钢卷对中、带钢边缘纠偏、机组中带钢速度的自动调整、剪切钢板的自动分选等自动化操作和控制。

（6）改进轧机结构。1971 年以来，出现了全连续式冷连轧机。这种轧机只要一次引料穿带后，就可实现连续轧制。此时，后续带卷的头部通过焊接机与前一带卷尾部焊接在一起。为了保证带钢能够连续轧制，在连轧机入口端设置了活套装置。在冷连轧机组出口端设置了分卷用的飞剪机，并设置了两台卷取机，以便交替地卷取带钢。全连续式冷连轧机即使在换辊时，带钢依然停留在轧机内。换辊一结束，轧机可立即进行轧制。采用全连续式冷连轧机，可以提高生产率 30% ~ 50%，产品质量和收得率也都得到提高。

（7）改进生产工艺。不断采用新工艺、新设备，例如深冲钢板连续退火作业线和浅槽盐酸酸洗、HC 轧机和异步轧制等，以简化冷轧工艺过程，提高冷轧带钢的精度并节省能量。

4.3　冷轧板带钢生产主要工序

4.3.1　酸洗

酸洗是利用化学方法除去金属表面氧化铁皮的过程，因此也称为化学酸洗。从热轧厂送来的热轧带钢卷是在高温下进行轧制和卷曲的，带钢表面在该条件下生成的氧化铁皮，能够很牢固地覆盖在带钢表面，并覆盖着带钢的表面缺陷。若将这些带着氧化铁皮的带钢直接送到冷轧机上轧制，其一，在大压下量的条件下进行轧制，会将氧化铁皮压入带钢基体，影响冷轧板的表面质量及加工性能，甚至造成废品；其二，氧化铁皮压碎后进入冷却润滑轧辊的乳化液系统，会损坏循环系统，缩短乳化液的使用寿命；其三，会损坏表面粗糙度很低、价格昂贵的冷轧辊。因此，带钢在冷轧之前必须清除其表面的氧化铁皮，除掉有缺陷的带钢。酸洗的作用就是去除热轧来料的氧化铁皮，使薄板表面光洁，保证表面质量，并且防止轧辊磨损。

氧化铁皮是金属在加热、热处理或在热状态进行加工时形成的一层附着在金属表面上的金属氧化物。氧化铁皮由里到外的分布为：铁→氧化亚铁→四氧化三铁→三氧化二铁。影响带钢表面氧化铁皮的因素有终轧温度和速度、冷却速度、卷曲温度和其他因素。因此，采用较大的轧制速度、光滑的轧辊、较低的终轧温度和卷曲温度以及较高的冷轧速度，均可以减少氧化铁皮的生成。氧化铁皮的性质包括松散度、内应力、附着力和厚度。

冷轧厂的酸洗工艺制度要根据这些性质来制定。

酸洗的原料有盐酸和硫酸，盐酸与氧化铁皮反应快，与基体金属反应慢，原料损失量较少，因此选择盐酸作为酸洗液。其反应方程式为

$$Fe_2O_3 + 6HCl = 2FeCl_3 + 3H_2O$$

$$Fe_3O_4 + 8HCl = FeCl_2 + 2FeCl_3 + 4H_2O$$

$$FeO + 2HCl = FeCl_2 + H_2O$$

$$Fe + 2HCl = FeCl_2 + H_2$$

要求：酸洗温度在 50 ~ 80℃；浓度在 17% ~ 19%。

酸再生化学方程式为

$$2FeCl_2 + 2H_2O = 1/2Fe_2O_3 + 4HCl \uparrow$$

带钢表面上的氧化铁皮是通过三种作用被清除的：

（1）溶解作用。氧化铁皮与酸发生化学反应而被溶解。

（2）机械剥离作用。金属铁与酸作用生成氢气，机械地剥离氧化铁皮。

（3）还原作用。生成的氢原子使铁的氧化物还原成易与酸作用的亚铁氧化物，然后与酸作用被除去。

影响酸洗的因素有氧化铁皮厚度和结构，以及酸洗液的种类、温度、浓度、铁盐含量和搅拌，钢铁成分和其他方面的影响。

酸洗的工艺有静止式酸洗法、半连续式、连续式和盐酸浅槽酸洗法（优点：酸槽浅，酸量小，能量消耗低，停车时能快速排出酸液，避免过酸洗，便于检修。）

随着带钢冷轧生产技术的飞速发展，20 世纪 80 年代在浅槽酸洗的基础上又发展了浅槽紊流酸洗。1986 年，德国波鸿钢铁公司首次采用紊流酸洗技术生产冷轧带钢，并取得成功。经实验证明，紊流酸洗技术与深槽、浅槽酸洗技术相比，具有酸洗时间短、酸洗产生的废酸量少、表面质量洁净、设备重量轻等特点。

4.3.2　轧制

轧制的作用是改善薄板内部组织和性能，提高薄板表面质量，满足用户要求。现在冷轧流程一般采用五机架全连续式轧制，其优点有：

（1）消除穿带过程、节省加减速时间、减少换辊次数等，大大提高工时利用率；

（2）减少首尾厚度超差和剪切损失，提高成材率；

（3）减少辊面损伤和轧辊磨损而使轧辊使用条件大大改善，并提高板卷表面质量；

（4）由于速度变化小，轧制过程稳定而提高了冷轧过程的效率；

（5）由于全面计算机控制并取消了穿带、甩尾作业而大大节省了劳动力，并进一步提高了全连续冷轧的生产效率，充分发挥了计算机控制快速、准确的长处，可实现机组的不停车换辊（即动态换辊），会使连轧机组的工时利用率突破 90% 大关。

全连续轧制是带钢连续不停地在串列式轧机上进行轧制。经酸洗的热轧带钢在轧制前进行头尾焊接，通过活套调节不停送入轧机进行连续轧制，最后经飞剪分切卷曲成冷轧带卷。因此，轧机除了过焊缝时要减速外（必要时可进行分卷和规格变换），可以稳速地轧制各种材质和规格的带钢。全连续生产的最大特点是省去了频繁的穿带和甩尾操作，因此大大增加了纯轧制时间和生产能力。实际生产要考虑到设备利用率的影响。轧机利用系数

是轧机运行时间中，扣除换辊、调节和断带等事故处理时间后，余下有效轧制时间所占的比率。在全连轧时，因为没有穿带甩尾引起的断带和跑偏等事故发生，所以非计划换辊次数减少，又有自动换辊装置可大大缩短换辊时间，因此轧机利用率明显提高。全连续轧制时带钢基本上都在稳定速度下轧制，这就从根本上克服了常规轧制时头尾部分因速度和张力变化较大而引起厚度超差，使全连轧头尾厚度不合格部分由常规轧制的 1.4% 降至 0.3%。穿带甩尾会冲击轧辊表面而引起辊压印和带钢表面损伤。全连轧生产极大地改善了轧辊工作条件，从而大大地减少了带钢表面辊印形成的缺陷，可以批量生产特别高级精度表面（即国外标准的 05 表面）的汽车薄板。

4.3.3　精整

精整包括表面清洗、退火、平整、剪切等工序。

清洗的目的是除去板面上的油污，保证板带退火后的成品表面质量。冷轧中间退火的目的是消除加工硬化以提高塑性和降低变形抗力，实现以后的深冲或拉伸变形加工。热处理退火的目的是除通过再结晶消除加工硬化外，还可以根据产品的不同技术要求以获得所需要的组织和性能。退火后的带钢不能接着继续加工，否则会产生滑移线和扭折线，需在平整机上进行平整。平整实质是一种小压下率（1% ~5%）的二次冷轧，在冷轧薄板带材的生产工序中占有重要的地位。经平整后的带钢可以成卷交货，也可以送到横剪机组进行精整，一部分进行剪边，再剪成单张矩形薄板并涂油。

4.3.4　覆层

经过平整后的冷轧钢板表面质量很好，但如果没有保护会很快被腐蚀，所以要求要在其表面镀上一层金属保护层，这种金属通常是锌，而这种保护方法就称为镀锌。镀锌方法包括热镀和电镀。

如果需要热镀锌的冷轧带钢，一般从冷轧机出来后，直接送到连续镀锌机组。带钢在该机组中脱脂、常化或再结晶退火和热镀锌。镀锌机组末端设有卷曲机或横剪机，带钢可以成卷交货，也可单张交货。

电镀锌所得锌层比热镀锌薄，它特别适于用做涂漆和塑料的黏附底层。经过冷轧、退火和平整后，带钢就进行连续电镀锌，一般还要做化学再处理。有的设备只能电镀单张薄板。和所有其他电镀锌方法一样，电镀锌也可以单面镀或进行差厚双面镀。

4.3.5　矫直

经过退火和镀锌后的带钢，容易产生滑移线，且被锌层覆盖。镀锌后通常不进行平整，因为平整会使带钢表面发生变化，所以在镀锌机组的出口处，将带钢在张力下进行拉伸矫直，通过这样的方法防止产生扭折。通过退火处理和平整，可以改善带钢镀锌后的变形性能，以提高深冲能力。

4.4　涂镀层钢板生产

4.4.1　热镀锡板

通过热浸加工或电解加工，使冷轧薄板表面牢固地附着一层异种金属的过程称为镀层板加工工艺过程。而镀锡的薄钢板叫做镀锡板，俗称马口铁。

锡是化学稳定性较强的元素之一，其相对原子量为118.7，密度为7.3g/cm³，熔点为232℃。锡在硫酸、硝酸和盐酸的稀溶液中几乎不溶解。它的塑性较钢好，本身无毒，对人体无害。

镀锡板主要用于罐桶和食品包装盒、箱等方面。镀锡板以片状或者成卷交货。

镀锡钢板的生产方法有热镀和电镀两大类。热镀锡时，带钢通过熔融的锡槽，将锡热镀在带钢表面。电镀锡时，带钢通过电解槽，用电解的方法将锡镀在带钢表面。

热镀时镀层较厚，单位面积镀锡量多数大于25g/m²，且镀层不均匀。通常热镀锡只在速度低、生产率不高的单张或窄带镀锡机组上使用。

热镀锡工艺流程为：原料→电解酸洗→高压水冲洗→溶剂处理→热镀锡→油处理→碱洗→除油→抛光→成品检验。

热镀锡原板先进行白酸洗，清洗表面轻微氧化膜和油污等，或在盐酸槽内进行电解酸洗，以迅速清除表面氧化铁皮。镀锡槽中的锡液温度为300～400℃。进入锡槽前的原板先通过熔剂槽，清除表面氧化膜，由锡槽出来的钢板需通过棕榈油槽（油温235～240℃），来防止锡发生氧化并保持熔融状态，以便由镀锡辊挤掉多余的锡量。然后经过洗涤机洗去油脂，抛光机抛光，就可得到表面光洁的镀锡板。

4.4.2 电镀锡板

电镀锡板较老式的热镀锡板具有镀层薄而均匀、表面美观、锡层附着牢固等优点，但是需要的生产设备较庞大。

电镀锡工艺流程如图4-4所示。

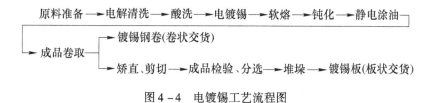

图4-4 电镀锡工艺流程图

根据所使用的电镀液不同，电镀锡机组有碱性型、酸性型和卤素型3种类型。

碱性型电镀锡机组采用碱性电镀液，腐蚀性小，不需要耐酸槽和耐酸泵，其设备简单，投资低。但是，带钢的电镀时间长，电耗大，机组速度低，一般为180m/min，最大速度也只能达到300m/min。

酸性型电镀锡机组的电镀效率高，镀层厚度能控制，可以得到两个表面镀层厚度不等的差厚镀层带钢。这种机组的最大速度可达550m/min。在这种机组上，由于需要耐酸槽和耐酸泵，在带钢电镀前还要有对带钢进行电解脱脂等镀前处理设备，故机组投资费用较大。常用的酸性电镀液有硫酸盐和氟硼酸盐两种，氟硼酸盐电镀液的电镀效率较高，但其腐蚀性更大，对设备的维修要求更高。

卤素型电镀锡机组的电镀液是卤化物，电镀效率比氟硼酸盐还高，机组最高速度可达760m/min。由于速度较高，电镀槽采用水平式，以便于控制。卤化物的腐蚀性很强，必须十分注意防蚀措施。

目前，国内外应用最广泛的是酸性型电镀锡机，机组如图 4 - 5 所示。

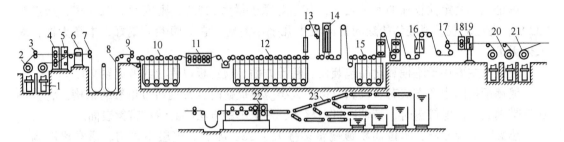

图 4 - 5　酸性型电镀锡机组简图

1—带卷运输机；2，21—开卷机；3，4，7，18—送料辊；5—双刃剪切机；6—焊接机；8—活套；9，17—张力装置；
10—电解清洗和酸洗装置；11—刷洗机；12—电镀锡设备；13—打印机；14—软熔设备；15—钝化设备；
16—涂油机；19—剪切机；20—卷取机；22—飞剪机；23—分选和堆垛装置

图 4 - 5 所示的酸性型电镀锡机组的主要技术性能如下：

（1）带钢规格：

带钢厚度	0. 15 ~ 0. 6mm
带钢宽度	457 ~ 1016mm
带卷最大外径	1800mm
带卷内径	500mm
进料段带卷最大质量	15t
出料段带卷最大质量	5t
堆垛最大质量	4t

（2）机组速度：

进料段最大速度	550m/min
工艺段和出料段速度	104 ~ 450m/min

在酸性型电镀锡机组中，电镀液的主要成分是硫酸亚锡和酚磺酸。电镀时以锡为阳极，带钢为阴极，这样，锡阳极就溶解成二价锡离子进入电镀液，并在带钢表面析出。

电镀锡钢板的镀层厚度与电流密度成正比，因此可分别调节正、反两面的电镀电流而得到各自不同的镀层厚度。

电镀的锡层附着力差，没有光泽，必须通过软熔装置将带钢加热到锡的熔点以上的温度，使锡层熔融，然后立即浸入水中冷却，使之变为有光泽的镀锡板。

软熔后的带钢表面覆有一层自然产生的锡的氧化物（主要是氧化亚锡），当长期贮存或涂料烘烤时，会氧化而发黄，耐蚀性也就变差。为了消除这些缺点，还要进行钝化处理（化学处理）。钝化是将带钢放入碳酸盐、铬酸盐溶液中进行化学处理或在重铬酸钠溶液中进行铬化电解处理。通过钝化，将自然产生的锡氧化膜溶解，并生成一层很薄但很致密的铬酸盐钝化膜，这种钝化膜有很好的保护作用。

镀锡钢带经钝化后，通过清洗、干燥、涂油（一般用静电涂油），最后切成定尺或卷成带钢，供应用户。

4.4.3　镀锌板

锌是一种蓝白色的金属，熔点为 419.4℃，密度为 7.14g/cm³。锌具有中等的延展性。

室温下，锌在干燥的空气中不起变化。在潮湿的空气中锌表面则生成一层很致密的碳酸锌薄膜，它能保护锌内部不再受到腐蚀。由于锌有这样一种优良的特性，所以将锌镀在钢板表面上以防止腐蚀，这种钢板称为镀锌板。

钢板镀锌后能大大延长使用寿命。如果钢板上锌层没有被破坏，那么锌可以防止腐蚀介质（水、氧气、二氧化碳等）接触钢板表面，这与镀锡层防腐的作用完全一样。但是，如果当镀锌层发生了破坏，个别部位的铁露出表面时，由于锌的化学性质比铁活泼，在腐蚀过程中锌与铁形成了微电池，锌是微电池的阳极，在腐蚀时被溶解，而铁是阴极则受到了保护。因此，镀锌器皿即使局部地方露铁仍然不会生锈。如果铁表面暴露得太大，那么铁就与未镀锌一样被腐蚀。由此可见，镀锌板具有良好的防锈性能，是建筑、车辆、家具、机械电气和包装等行业广泛应用的板材。

带钢镀锌有电镀锌和热镀锌两种方法。用电镀锌方法生产的带钢，镀层较薄，但工艺复杂。

4.4.3.1 热镀锌板

热镀锌板生产方法是由热镀锡生产方法发展而来的，其分类如图4-6所示。

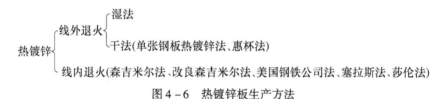

图4-6 热镀锌板生产方法

所谓线外退火，指原料（热轧、冷轧薄板）在进入热镀锌作业线之前，首先进行再结晶退火。所谓线内退火，指在热镀锌作业线上，钢板先进行再结晶退火，接着热镀锌。

目前，广泛采用森吉米尔法，也称为氧化—还原法。冷轧后的带钢被直接送到热镀锌机组，带钢在连续退火过程中先将油烧去，并在带钢表面形成薄薄的一层氧化膜，再经过退火炉的还原段，使表面的氧化膜还原成纯铁体，因而在进入锌锅时镀层与铁基结合得很好。

图4-7是1700mm连续热镀锌机组的简图。机组的进料段和出料段的设备布置和工作情况基本上与连续电镀锡机组相同。连续热镀锌机组工艺段包括镀前处理（脱脂和热处理）、热镀锌、矫正和钝化4个主要工序。机组的速度为10~180m/min。

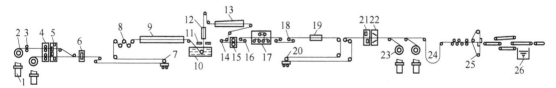

图4-7 1700mm连续热镀锌机组的简图

1—带卷运输机；2—开卷机；3，4—送料辊；5—双刃剪切机；6—焊接机；7—水平活套车；8，14，16，18—张力辊；
9—三段式热处理炉；10—镀锌槽；11—气刀装置；12—锌层热处理炉；13—带钢冷却装置；15—平整机；
17—拉伸弯曲矫正机；19—钝化处理设备；20—平活套车；21—剪切机；22—涂油机；
23—卷取机；24—活套坑；25—飞剪机；26—堆垛装置

1700mm 连续热镀锌机组采用快速加热炉脱脂退火的方法，退火炉加热最高温度达980℃，退火后的带钢在 450 ~ 470℃ 温度下进入锌槽，以保持锌液温度不变。控制镀层厚度采用"气刀法"，即在锌槽出口采用可控的喷嘴沿一定角度向带钢喷吹压缩空气或过热蒸汽，以除去多余的锌液，用这种方法可以生产正、反两面镀层厚度不同的差厚镀锌钢板。为使原板表面形成一层锌铁合金，使它具有良好的延伸性，镀锌后的钢板应经过再加热（即通过镀层退火炉），加热温度约为 550℃。为提高镀锌钢板的防腐性能，带钢冷却后，应在铬酸或磷酸液中进行钝化处理。

镀锌机组的头部设备与一般带钢连续作业线相类似。尾部设备除一般的卷取、横剪和垛板设备外，常设有平整机和拉伸矫正机，以提高带钢的力学性能和改善板形。

4.4.3.2　连续电镀锌机组

近年来，对薄镀锌板的需求量不断增加，使电镀锌板生产技术得到迅速的发展。

2030mm 连续电镀锌机组的年产量为 15 万吨，机组组成如图 4 – 8 所示。

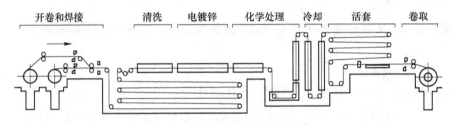

图 4 – 8　连续电镀锌机组的组成

2030mm 连续电镀锌机组的主要产品有单面镀锌板、双面镀锌板及差厚镀锌板等各种类型的锌板。其主要指标为：

(1) 板厚 0.5 ~ 2.5mm，宽度 900 ~ 1550mm；

(2) 镀层的厚度：双面镀时为 3 ~ 40g/m²，差厚镀锌时镀层厚度可在此范围内调整，单面镀时锌层厚度可达 80g/m²。

连续电镀锌的主要工艺流程为：清洗→电镀→后处理。

(1) 清洗。清洗过程主要包括脱脂、酸洗、刷洗等。脱脂又分化学脱脂和电解脱脂。化学脱脂是使用 NaOH、NaCO₃、NaPO₄ 等药品对动物、植物油起皂化作用，对矿物油起乳化作用。

化学脱脂反应过程如下：

$$RC\underset{OH}{\overset{O}{<}} + NaOH \Longrightarrow RC\underset{ONa}{\overset{O}{<}} + H_2O$$

电解脱脂化学反应过程如下：

$$H_2O \Longrightarrow H^+ + OH^-$$

阴极　　$2H^+ + 2e \Longrightarrow H_2\uparrow$

阳极　　$4OH^- - 4e \Longrightarrow 2H_2O + O_2\uparrow$

溶液温度 70 ~ 80℃，温度高可提高反应速度。

酸洗的目的是去除氧化铁皮。酸液可采用盐酸或硫酸，图 4 – 8 所示机组采用硫酸溶液。酸洗的化学反应过程如下：

$$FeO + H_2SO_4 \Longrightarrow FeSO_4 + H_2O$$

$$Fe_2O_3 + 3H_2SO_4 \Longrightarrow Fe_2(SO_4)_3 + 3H_2O$$

$$Fe_3O_4 + 4H_2SO_4 \Longrightarrow FeSO_4 + Fe_2(SO_4)_3 + 4H_2O$$

酸洗条件：硫酸的质量分数一般为 5% ~ 10%；温度 60 ~ 90℃。

（2）电镀。2030mm 连续电镀锌机组采用喷射式不溶性阳极电镀槽。将卧式槽增加喷射电镀液的集流管，可溶性锌阳极改为不溶性 Pb – Sn 合金阳极，其结构如图 4 – 9 所示。

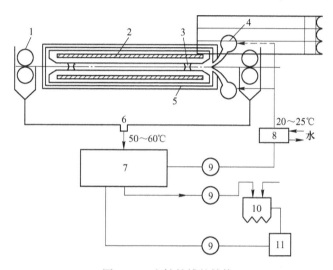

图 4 – 9 电镀锌槽的结构

1—导电辊；2—不溶性阳极；3—绝缘垫；4—集流管；5—槽体；6—收集槽；
7—循环槽；8—冷却器；9—泵；10—锌溶解槽；11—沉淀槽

电镀槽由外槽、内槽、不溶性阳极、导电辊、边缘罩、支撑辊绝缘垫和电解液循环系统组成。

喷射式不溶性阳极电镀锌是采用硫酸锌作为电解液，硫酸锌在水中电离，其化学反应过程如下：

$$ZnSO_4 \Longrightarrow Zn^{2+} + SO_4^{2-}$$

$$H_2O \Longrightarrow H^+ + OH^-$$

在电镀锌中，带钢作为阴极，不溶性锌板作为阳极，当通电后发生如下反应：

阴极　　$Zn^{2+} + 2e \Longrightarrow Zn\downarrow$

阳极　　$4OH^- - 4e \Longrightarrow 2H_2O + O_2\uparrow$

在阴极带钢表面，锌离子获得两个电子被还原成锌而沉积在带钢表面，使带钢表面镀上一层很薄的锌层。在电解液中，由于锌离子不断沉积到带钢表面，这样，溶液中锌离子不断减少。在可溶性阳极是采用锌板做阳极，锌阳极失去两个电子变成锌离子而溶解到电解液中，即

$$Zn - 2e \Longrightarrow ZN^{2+}$$

这样，保持电解液中的锌离子平衡。而不溶性阳极则是由外界不断向电解槽中添加浓度较大的硫酸锌溶液，锌离子通电后沉积到带钢表面从而镀上锌层。

电镀液中所用各种药品的作用为:

(1) $ZnSO_4 \cdot 7H_2O$: 350g/L, 提供锌离子;

(2) $\left.\begin{array}{l} Na_2SO_4: 80g/L \\ (NH_4)_2SO_4: 50g/L \end{array}\right\}$ 提高电导率;

(3) $SrCO_3$: 0.1g/L, 改善表面。

另外, 电流密度为30A/dm², 温度为室温。镀锌量的控制是根据法拉第定律进行的, 并可推导出式 (4-4)。

$$C = K\frac{DlNE}{v} \tag{4-4}$$

式中　K——锌的电化当量 (0.0203);

　　　D——电流密度, A/dm²;

　　　l——电镀槽长度, m;

　　　N——电镀槽数量;

　　　E——电流效率,%;

　　　v——带钢速度, m/min;

　　　C——镀锌量, g/m²。

根据式 (4-4) 得出结论:电镀锌的镀锌量与电流密度、电解槽长度和数目成正比, 与带钢的线速度成反比。

根据式 (4-4), 可以指导我们在电镀生产中确定合理的工艺速度。

喷射式不溶性阳极电镀锌作业线, 有9个电解槽, 电流总计为198kA, 槽长为1.5m。这样, 可以根据生产不同宽度的带钢和不同厚度的镀锌量来确定机组适当的运行速度 (工艺段速度为15~90m/min)。

另外, 喷射式不溶性阳极电镀法很容易得到单面镀锌钢板。除控制电源有单面阳极外, 还可控制喷射液, 使不镀锌的那面不喷液, 这样便可较完美地做到单面镀层。

(3) 后处理。电镀锌后处理的主要目的是改善镀锌板表面的涂漆性能和抗腐蚀性能, 以延长电镀锌板使用寿命。电镀锌的后处理包括:

1) 活化处理和磷化处理。磷化处理就是使电镀锌板的表面生成一层极薄的凹凸不平的磷化层结晶, 对涂漆性能有所改善, 但是, 表面的磷化层结晶很不均匀。为了使磷化层的结晶细小而均匀, 在磷化处理之前先进行活化处理。活化处理就是使电镀锌板表面形成小的结晶核。这样磷化时, 磷化层就在这些小结晶核上形成磷化层, 从而形成细小而均匀的磷化层, 其厚度为1.0~2.0g/m²。活化处理采用胶体磷酸钛溶液, 温度为30~60℃, 时间为1~2s即可。磷化处理采用磷酸二氢锌 + 有机磷 (磷酸淀粉), 温度为60℃, 时间为5~6s。

2) 密封处理和铬化处理。将磷化膜内凹处用镀层封闭以提高抗腐蚀性, 采用稀铬酸, 温度为45℃, 处理时间约为3s。作密封处理时铬酸的质量浓度为0.12g/L。经密封处理的锌表面形成一层极薄的钝化膜。如果需进一步提高抗蚀性, 则可对磷化处理后的锌板进行铬化处理。铬化处理所用的溶液成分与密封处理所用的溶液成分相同, 只是各成分的浓度不同。铬化处理时铬酸的质量浓度为10g/L, 处理时间约为5s, 温度为25~35℃。铬化处理后的锌板表面形成的钝化膜厚度为15~40mg/m², 对钢板有良好的保护作用。

4.4.3.3 彩色钢板

彩色钢板是以镀锌板、铝板、镀锌铝合金板、冷轧板等作为基体材料，表面（单面或双面）涂以（液体辊涂）或敷以（单面或双面）薄膜层，即各种有机涂料或薄膜，如聚氯乙烯、聚氟乙烯、丙烯酸、环氧树脂等涂料和聚氯乙烯薄膜等。由于这些有机涂料和薄膜可以配制各种不同颜色和压出各种花纹图案，故称为彩色钢板。

从技术上说，世界上开始研制彩色涂层板是在 20 世纪 30 年代，达到工业化生产时是单张生产的，即第一代涂层技术；第二代涂层技术是连续式一涂一烘生产方式；第三代涂层技术是两涂两烘生产方式，而近十几年来已出现第四代涂层技术，即三涂三烘生产方式。总之涂层技术正处在发展阶段，品种繁多，用途广泛，日益引起各方面的重视。

三涂三烘工艺的生产流程如图 4 - 10 所示。

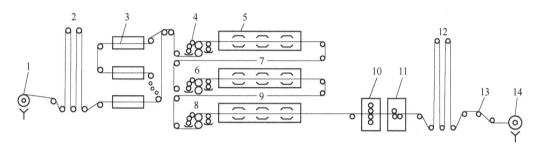

图 4 - 10　三涂三烘工艺生产流程

1—开卷机；2，12—活套塔；3—表面预处理槽；4—1 号辊涂机；5—1 号烘烤炉；6—2 号辊涂机；

7—2 号烘烤炉；8—3 号辊涂机；9—3 号烘烤炉；10—调质轧制区；11—平整辊；13—涂蜡机；14—卷取机

基板运到开卷机，经过开卷后切头，与前边的钢板焊接起来，进入活套塔，然后进入表面预处理槽，进行表面处理，处理好的带钢送入 1 号辊涂机，涂后送入 1 号烘烤炉，依次连续进入 2 号辊涂机、2 号烘烤炉、3 号辊涂机、3 号烘烤炉。经过冷却后进入调质轧制区和平整辊，再进入活套塔，在成卷前经过涂蜡机涂蜡，然后卷成成品钢卷。

4.5　冷轧板带钢设备

4.5.1　二辊轧机

二辊轧机为一种较老的结构形式。它与其他形式相比有很大的优点，因此不能看作落后的形式。相反，在轧制品种很多时，每个冷轧工作者往往采用万能二辊式轧机轧制所有规格的产品。此外，二辊式轧机作为平整机使用有很大优点，从起压缩作用的轧辊来看，二辊式轧机与多辊式轧机相比较，其主要优点为：由于二辊式轧机的辊径比较大，因而有大的咬入能力和拉力。因此当压下量相同时，随着轧辊直径的增大，所需的轧制力矩比与轧辊直径成比例地增加的还多，所以采用二辊式轧机必然有困难。可是只要比值 D/h 不太大（D 是轧辊直径，h 是带钢厚度），在二辊式轧机上基本可以轧制带钢，其厚度公差还能符合目前采用的标准。如果必要时在采用相应凸度的情况下，可以增加轧制道次，以提高带钢的尺寸精度。

　　二辊轧机的机架刚性较小，能很好满足各种板形，用来平整较适合。二辊轧机在操作时，可以通过机械液压弯辊装置或热的影响来校正轧辊凸度。但是在冷轧时，由于二辊轧机的辊径比较大，并由此而引起轧制范围受到限制，所以一般不采用，而采用四辊轧机。

4.5.2　四辊式冷轧机

　　采用四辊式冷轧机的主要原因是为减少轧制压力，由此能增大整个机架的刚度和提高变形效率。工作辊直径与支撑辊直径的比值一般为 1∶3。工作辊和支撑辊的轴线在同一个平面上。工作辊一般直接通过接轴进行传动。

　　工作辊辊径减小的程度，取决于工作辊辊径和万向接轴所能传递的传动力矩。为了创造良好的变形条件，强度较高的带钢要求采用较小的工作辊直径。与此相反，减少工作辊辊径受到下列条件限制：一方面所能传递的变形力矩受到工作辊辊径断面积的限制；另一方面，辊身长度与轧辊直径的比值（一般称为细长比）不允许超过规定值，否则工作辊会弯曲。

　　在四辊轧机上，要保证能消除细工作辊可能产生的弯曲，必须在水平方向上支撑工作辊。如果是单向轧制，则支撑方法比较简单，即将工作辊沿轧制方向从支撑辊中心线垂直面移出。在不可能采用这种方法或要更细的辊径时，必须采用特种结构。

4.5.3　MKW 型轧机

　　工作辊具有侧支撑的四辊式轧机一般称为 MKW 型轧机（偏八辊轧机），其结构形式与四辊轧机相类似。但这种轧机的传动力矩，都是通过两个大支撑辊传给工作辊的。为了减少工作辊的弯曲，工作辊从支撑辊中心线垂直面向外移一些，并各用一个中间辊和一列侧支撑辊来支撑每个工作辊，使在轧制方向改变和带钢张力变化时，所产生的压紧合力始终将工作辊压在支撑辊上。

　　MKW 型轧机具有以下特点：由于工作辊直径较小，所以对轧制条件有利。因为轧辊直径与可以轧制的最小带钢厚度的比值较大，从而可能轧制的最小带钢厚度还能减小。这样，经过淬火的铬钢轧辊之间在轧制时，由生产中所得到的比值 D/h 最小的上限如下：轧制软钢和黄铜、抗拉强度极限达 $80kg/mm^2$ 时约为 $800 \sim 1600$；轧制硬钢和硅钢、抗拉强度极限达 $120kg/mm^2$ 时约为 $500 \sim 1000$；轧制镍铬钢和高强度合金钢、抗拉强度极限达 $180kg/mm^2$ 时约为 $315 \sim 630$。

　　因为 MKW 型轧机工作辊的体积很小，所以它们用较好的和较贵的材料制造，使用起来是经济的。当要满足带钢表面的特殊要求时，可以采用真空重熔的铬钢或碳化钨制造工作辊，MKW 型轧机经常用来轧制不锈带钢、高碳带钢和硅钢带钢。

4.5.4　二十辊冷轧机

　　二十辊冷轧机主要用来轧制非常薄的高强度带钢。它的一个显著特点是其轧辊布置形式。这种轧机大部分为 1 - 2 - 3 - 4 结构形式。这个数字顺序表示轧辊数量和排列顺序。在 1 - 2 - 3 - 4 型二十辊冷轧机中每个工作辊由两个第一中间辊和 3 个第二中间辊来支撑，4 个支撑辊支撑 3 个第二中间辊，支撑辊装在位于机架内的轴承鞍座中。因为整个支撑轴是支撑在机架上的，因此轧辊的挠度非常小。新式机架上的支撑辊装设成偏心的，并通过齿圈可以单独转动，由此可以对支撑辊和中间辊的挠度进行控制，并可以有目的地调整工作辊的凸度。这种轧机经常通过第二中间辊来传动。工作辊可以用弹性模数大、耐磨的硬质合金制成，因此工作辊能承受很大的轧制压力，尽管如此，工作辊仍有轻微的压扁现象。因此，二十辊轧机主要用于轧制高强度的镍铬钢、钨合金钢、钛和钛合金等的极薄带钢。

二十辊轧机和 MKW 型轧机之间的使用范围并没有明确的界限，而在某种尺寸范围内，都能用这两种轧机进行轧制。当二十辊轧机虽有卷曲张力的协助，而细工作辊的拉力还不能使带钢在辊缝中不打滑时，则经常采用较大直径的工作辊，有时也采用 MKW 型轧机，也可采用二十辊轧机来解决上述问题。

4.5.5 特种结构的轧机

特种结构的轧机包括六辊式轧机和十二辊式轧机，它们主要用来轧制窄的和中宽的碳素带钢。这种轧机所能轧制的带钢厚度公差、产量和产品种类，填补了四辊式轧机和二十辊轧机之间的空白。

Y 型轧机也是一种特种结构的轧机，这种轧机也是为了轧制高强度合金钢而发展起来的，但只有在个别情况下才使用它，目前已不在制造这种轧机。

4.5.5.1 HC 轧机

HC 轧机是一种高性能的板形控制轧机，实际上是在四辊式轧机的工作辊和支撑辊之间加入一个辊端带锥度的中间辊并进行横向移动的六辊轧机，是 1974 年日本日立公司（HITACHI）试验研制的，全称日立中心高凸度控制轧机。我国投入生产的第一台 HC 宽带钢轧机是 1250mm HC 六辊轧机，用于镀锡原板的轧制，装备技术具有 20 世纪 80 年代中期世界水平。

A HC 轧机的主要优点

（1）HC 轧机具有很好的板形控制能力，能稳定地轧制出良好的板形。HC 轧机通过中间辊轴向移动不同位置，可以大幅度减小轧制力引起的工作辊挠度，防止工作辊弯曲，可大大改善辊型，提高成材率。例如使用该轧机轧制带钢，其边缘缺陷相对于四辊轧机减少 50% 左右，成材率提高 20%。

（2）HC 轧机的工作辊直径最小可达到板宽的 20%，小直径工作辊可实现大压下轧制，增加道次压下率。

（3）降低能耗 20%。小直径工作辊降低轧制压力，使轧机动力能耗降低 20%，此外还影响前后工序的节能效果。

（4）具有很高的刚度稳定性。轧机工作时可以通过调节中间辊的横向移动量来改变轧辊的接触长度，即改变其压力分布规律，以此消除轧制力变化对横向厚度差的影响，使 HC 轧机具有较大的横向刚性。当中间辊移动量为最佳时，即所谓的 NCP 点（non control point），这时工作辊挠度不再受到轧制力的影响，轧机理论上横向刚度为无限大。

（5）减小带钢边部减薄和边裂。中间辊一侧带有锥度，在横移时能消除带宽外侧辊面上有害的接触段。这种接触段会使工作辊产生附加弯曲，使带钢边部减薄，薄带钢容易裂边。

　　B　HC 轧机控制装置

HC 轧机只能改善带材横向厚度差和板形，而纵向厚度精度则与四辊轧机相同，它取决于 AGC 装备水平。

为了提高 HC 轧机板带材的纵向厚度精度，在轧机上设有前馈 AGC 装置和反馈 AGC 装置。在连轧机最后一架和单机架最后道次还采用张力 AGC 装置。为了提高板形，还设有板形自动控制（ASC）装置。实际使用表明，采用 AGC 装置，响应性高，寿命长，工作可靠，对提高带材精度十分有效。

AGC 装置的应用已经相当普通，ASC 装置没有普遍采用，主要原因是 ASC 装置投资费用高，使用效果并不太明显。

4.5.5.2　CVC 轧机

CVC 轧机是 1982 年西德斯罗曼—西马克公司发明的一种控制板形新轧机。CVC 轧机具有以下的优点：

（1）灵活性大并且辊缝形状可进行无级调整以配合相应的轧制参数。

（2）由于使用了工艺最佳化工作辊而能够获得最大压下量。

（3）即使最终厚度约为 $100\mu m$ 的带钢，也能获得良好的平整度和表面质量。

（4）沿整个带钢长度方向上的光整冷轧程度是一致的。

（5）由于最大限度地减少轧辊储备而降低了轧辊成本，CVC 轧机只需要一对有凸度的轧辊，即可满足所有产品的要求。

（6）总利用率高。

4.5.5.3　最新的 UPC 轧机

UPC 轧机出现在日本的 HC 轧机和西德的 CVC 轧机稍后一些时间，由西德 MDS（曼内斯曼—德马克—萨克）公司在 1987 年提出，全称万能板形控制（Universal Profile Control）。UPC 系统新工艺的特点是合理配置特定的工作辊辊廓、工作辊轴向移动距离的合理选择与动态尺寸控制系统协同的弯辊系统三方面协调配合，就达到板形调整的任意性，即万能性。

4.5.6　连续式冷连轧机

4.5.6.1　全连续式冷连轧机

常规的冷连轧机生产是单卷生产的轧制方式，因此就一个钢卷来说构成多机架连轧，但对冷轧生产过程来看，还不是真正的连续生产。单卷轧制不能消除穿带、脱尾、加减速轧制以及过焊缝降速等过渡阶段，引起冷轧产品的尺寸精度发生波动。同时，常规冷轧机工时利用率也低。全连续冷轧机的出现解决了单卷轧制的弊病。

图 4－11 为一套五机架全连续式冷轧机组的设备组成。原料板卷经高速盐酸酸洗机组处理后送至开卷机，拆卷后经头部矫平机矫平及端部剪切机剪切，板卷在高速闪光焊接机中进行首尾对焊。在焊卷期间，为保证轧机机组仍按原速轧制，需要配置专门的活套仓。在活套仓的入口与出口处装有焊缝检测器，若在焊缝前后有厚度的变更，则由该检测器给

计算机发出信号，以便对轧机作出相应的调整。

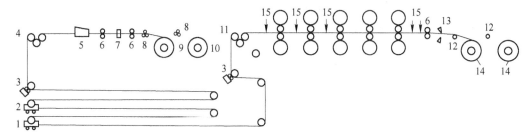

图 4-11 五机架全连续式冷轧机组设备组成示意图

1,2—活套小车；3—焊缝检测器；4—套入口勒导装置；5—焊接机；6—夹送辊；7—剪断机；8—三辊矫平机；9,10—开卷机；11—机组入口勒导装置；12—导向辊；13—分切剪断机；14—卷取机；15—X 射线测厚仪

在冷连轧机组末架（第五机架）与两台张力卷取机之间装有一套特殊的夹送辊与回转式横切飞剪。夹送辊的用途是当带钢一旦被切断而尚未进入第二个张力卷取机之前，维持第五机架一定的前张力。在通常情况下，夹送辊不与带钢相接触。横切飞剪用于分卷。设置两台卷取机以便于交替卷取带钢。全连续式冷连轧机即使在换辊时，带钢仍然停留在轧机内。换辊结束，轧机可立即进行轧制。

与常规冷连轧相比较，全连续式冷轧的优点是：

（1）工时利用率大为提高。这是因为：消除了穿带过程所引起的工时损失；减少了换辊次数；节省了加减速时间。在全连续冷轧机组中，轧机一经开动后，一般不减速，只在更换产品规格及飞剪剪切时才有必要将速度降至 5~10m/s。

（2）提高了成材率。减少带卷头尾厚度超差及头尾剪切损失。

（3）轧辊使用条件改善。减少了因穿带轧折与脱尾冲击而引起辊面损伤；因加、减速次数减少，也使轧辊磨损减小。使换辊次数减少，轧辊的储备和磨削工作量相应地减少，同时也提高了产品的表面质量。

（4）节省劳动力。由于轧机工作不需要人工调定，并取消了穿带脱尾作业，而且生产控制的主要任务都由计算机完成，故操作人员数量可大大缩减。

4.5.6.2 酸洗—冷连轧联合机组

酸洗—冷连轧联合机组是在全连续式（无头轧制）冷轧机的基础上发展起来的。前者的优点也基本上包含了后者所有的优点并有所发展。

酸洗—冷连轧联合机组的优点是：

（1）设备减少，与传统的常规轧机相比，省掉了酸洗机组的尾部和连轧机组头部的机电设备。

（2）减少主厂房建筑面积，省掉了酸洗与轧机之间的中间钢卷存放库并缩短了生产周期。

（3）与无头轧制一样，免除了穿带、甩尾等容易造成事故的作业，操作比较平稳，提高了轧机的作业率和金属收得率，产品质量得到了提高。

（4）与无头轧制一样，可以不停机来变换产品规格，生产灵活，计划安排比较方便。

（5）由于轧制速度比常规轧制低，主电机容量相应可以减少 1/4~1/3，还减少了电气设备容量和能耗。

（6）由于工序和设备减少，自动化程度提高，操作人员数量可大大减少。

酸洗—冷连轧联合机组的几个关键设备如图4-12所示。

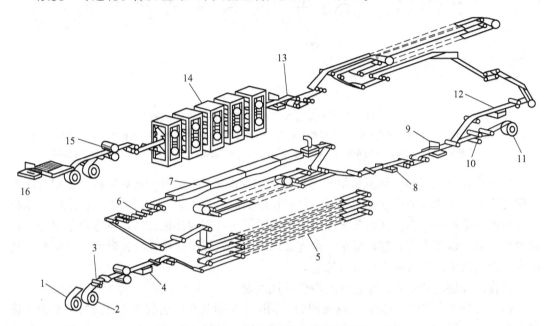

图4-12　连续酸洗及冷轧机布置图

1—辅助开卷机及带卷准备；2—开卷机；3—矫平；4—闪光对接焊机；5—酸洗线入口活套；6—张矫；
7—酸洗段；8—剪边机；9—剪机；10—涂蜡机；11—张力卷取机；12—焊接机；
13—导向装置；14—冷连轧机组；15—飞剪；16—在线检验台

（1）酸洗头部的焊接机。带钢的焊接质量能否经受拉伸矫直、酸洗、轧制的考验，焊接周期能否缩短，都取决于焊机的好坏。生产中的断带不仅影响产量而且往往损伤设备。新一代的焊机不仅能在带钢的厚度和宽度方向上进行自动调整和对中，而且有机内剪切装置，以保证带钢端头几何形状的准确，从而提高焊缝质量，焊接周期也可从100s以上缩短到70~75s。

（2）酸洗段的拉伸矫直机。酸洗前的拉伸机械预除鳞对提高酸洗速度和质量以及降低酸耗有显著作用，而拉伸矫直被认为是最好的机械除鳞装置。其伸长率要达到2%效果才显著，对改进原料带钢的板形也较为有利。

（3）酸洗尾部的剪边机和废边处理装置。这是机组容易出现事故和影响生产的薄弱环节。当带钢宽度变化时要能快速调整，剪刃的更换和调整更要求能快速进行。为了解决这些问题，有的是采用了两台圆盘剪交替使用，近来更多的是采用一台回转刀台式拉剪。废边的处理有的采用卷取成团的办法，也有的采用碎边剪剪成小段通过运输带运出主厂房外。

（4）轧机前的张力辊组和张力调节装置。为保证带钢能顺利地进入轧机并有适当的后张力，与全连续无头轧制一样在轧机的入口要有适当的张紧辊组和张力调节装置。

（5）轧机尾部的卷取机。与全连续无头轧制一样，带钢在轧机出口飞剪切分后要迅速准确地进入另一卷取机（或卷取机的另一卷筒），否则容易发生事故。在欧洲多采用两台卷取机，在日本则采用一台双位卷筒回转式卷取机。

4.6 冷轧板带钢轧制制度

板带钢压下制度是板带轧制制度最基本的核心内容，直接关系到轧机的产量和产品的质量。压下规程的中心内容就是要确定由一定板坯轧成所要求的板带的变形制度，即要确定所采用的轧制方法、轧制道次及每道次压下量大小，以及与此相关的各道次轧制速度、温度及前后张力制度的确定和原料尺寸的合理选择。制定压下规程的方法很多，主要有理论方法和经验方法两大类。理论方法比较复杂用处又不大，故多采用经验方法，即根据经验资料进行压下分配及校核计算。

冷轧板带钢压下规程的制度一般包括原料规格的选择、轧制方案的确定以及各道次压下量的分配与计算。

4.6.1 压下量的分配

各道次压下量分配用公式：

$$\Delta h = b_i \sum \Delta h \qquad (4-5)$$

式中　Δh——各道次压下量；

　　　b_i——各道次压下分配系数，分别为 0.3、0.25、0.20、0.15、0.05。

最后一道次考虑板形及表面质量的要求，取较小的压下率。

4.6.2 速度制度

冷连轧机最大特点是速度高，生产能力大，轧制板卷重。

轧制时先采用低速度穿带（1~3m/s），待通过各机架并由张力卷取机卷上之后，同步加速到轧制速度，进入稳定轧制阶段。在焊缝进入轧机之前，为避免损伤辊面和断带，一般要降速至稳定轧制速度的 40%~70%。焊缝过后又自动升至稳定轧速。在一卷带钢轧制即将完成之前，应及时减速至甩尾速度，以通过尾部。

冷连轧的最高速度限制，主要是根据轧制工艺润滑和冷却能否保证带钢表面质量和板形。

在实际生产中，冷连轧机各机架速度调节及设定皆采用轧辊速度。

当压下规程制定后，则各架轧出厚度 h_i 已知。

根据轧制时的流量方程：

$$h_i \cdot v_{R_i} \cdot (1 + S_{h_i}) = C \qquad (4-6)$$

式中　v_{R_i}——第 i 架轧辊速度；

　　　S_{h_i}——第 i 架轧件的前滑值。

通常，第 1 架的前滑值为 5%~7%，最大可以达到 10%，末前滑架的值为 1% 或近似为 0。

某厂的五架冷连轧机架采用的前滑值见表 4-5。

表 4 – 5　各机架前滑值的确定

机架号	1	2	3	4	5
前滑值/%	5	2	2	2	0

在各机架轧出厚度 h_i，末架轧出厚度 h_n，前滑值已知，则任一机架的辊速为

$$V_{R_i} = h_n \cdot v_{0n}(1 + S_{hn})/h_i \cdot (1 + S_{hi}) \tag{4-7}$$

4.6.3　张力制度

张力在冷轧生产中不仅可以降低轧制压力，防止带钢跑偏，补偿沿宽度方向轧件的不均匀变形，并且还起着传递能量、传递影响、使各机架之间相互连接的作用。

张力制度就是合理地选择轧制中各道次张力的数值。实际生产中若张力过大会把带钢拉断或产生拉伸变形，若张力过小则起不到应有作用。因此，作用在带钢上的最大张应力应满足：

$$\sigma_{max} < \sigma_s \tag{4-8}$$

式中　σ_{max}——作用在带钢单位截面积上的最大张应力；

　　　σ_s——带钢的屈服极限。

冷连轧的特点之一是采用大张力轧制，所以一般单位张力 q 为 $(0.3 \sim 0.5)\sigma_s$，且单位张力后机架要比前机架大一些。

冷轧带钢的分配原则见表 4 – 6。

表 4 – 6　冷轧带钢的分配原则

带钢厚度/mm	0.3 ~ 1	1 ~ 2	2 ~ 4
单位张应力/kg·mm^{-2}	$0.5 \sim 0.8\sigma_s$	$0.2 \sim 0.5\sigma_s$	$0.1 \sim 0.2\sigma_s$

4.6.4　压下规程制定举例

典型产品：Q235，2.0×1300。

化学成分：见表 4 – 7。

表 4 – 7　典型产品化学成分含量　　　　　　　　　　（w/%）

C	Mn	Si	S	P
0.14 ~ 0.22	0.30 ~ 0.65	≤0.30	≤0.050	≤0.045

4.6.4.1　压下规程

冷轧板带材采用五机架连续轧制，制定压下规程见表 4 – 8。

表 4 – 8　冷轧压下规程

道次号	H/mm	h/mm	Δh/mm	ε/%	轧速/m·s^{-1}	前张力/MPa	后张力/MPa	P/MPa	总压力/kN
1	4.0	3.4	0.6	15.00	7.35	90	30	588	9899

道次号	H/mm	h/mm	Δh/mm	ε/%	轧速/m·s^{-1}	前张力/MPa	后张力/MPa	P/MPa	总压力/kN
2	3.4	2.9	0.5	14.71	8.62	120	90	766	13692
3	2.9	2.4	0.5	17.24	10.41	110	120	833	14089
4	2.4	2.1	0.3	12.50	11.90	100	100	925	14262
5	2.1	2.0	0.1	4.76	12.50	30	100	917	10216

4.6.4.2 轧制压力的计算

首先是各机架摩擦系数的选取：第一道次考虑咬入，不喷油，故取 0.08，以后喷乳化液，取值 0.05～0.06，具体取值见表 4 - 9。

表 4 - 9 摩擦系数表

机架数	1 号	2 号	3 号	4 号	5 号
摩擦系数	0.08	0.055	0.055	0.055	0.055

各个道次的轧制压力的步骤说明如下：

第一道：由原料开始轧制，压下量为 $\Delta h = 0.6$mm，占冷轧总压下率的 15%。则平均压下率为

$$\sum \varepsilon = 0.4\varepsilon_0 + 0.6\varepsilon_1 = 0.6 \times 15\% = 9\%$$

根据典型产品 Q235 的含碳量查找对应的加工硬化曲线可知：$\sigma_{0.2} = 495$MPa

平均单位张力 $\quad \overline{Q} = (90 + 30)/2 = 60$MPa

故 $\quad 1.15\overline{Qs} - \overline{Q} = 1.15 \times 495 - 60 = 509$MPa

$$l = \sqrt{R\Delta h} = \sqrt{230 \times 0.6} = 11.75\text{mm}$$

计算 $\quad fl/\overline{h} = 0.08 \times 11.75/3.7 = 0.25 (fl/\overline{h})^2 = 0.06$

计算 $\quad a = 8(1 - u^2)R/\pi E = 0.003 \ (u = 0.3, E = 210\text{GPa})$

因此 $\quad 2af(1.15\overline{Qs} - \overline{Q})/\overline{h} = 2 \times 0.003 \times 0.08 \times 509/3.7 = 0.06(f = 0.08)$

由斯通图解法图解得 $\quad x = fl'/\overline{h} = 0.28$

查表得 $\quad e^x - 1/x = 1.155$

故 $\quad \overline{P} = 1.155 \times 509 = 588$MPa

由 $\quad fl'/\overline{h} = 0.28 \rightarrow l' = 0.28 \times 3.7/0.08 = 12.95$mm

$$P_{总} = Bl'\overline{P} = 1300 \times 12.95 \times 588 = 9899\text{kN}$$

第二道：压下量为 $\Delta h = 0.5$mm，出口总压下率为 27.5%。则平均压下率为

$$\sum \varepsilon = 0.4\varepsilon_1 + 0.6\varepsilon_2 = 0.4 \times 15\% + 0.6 \times 27.5\% = 22.5\%$$

根据典型产品 Q235 的含碳量查找对应的加工硬化曲线可知：$\sigma_{0.2} = 680$MPa

平均单位张力 $\quad \overline{Q} = (120 + 90)/2 = 105$MPa

故 $\quad 1.15\overline{Qs} - \overline{Q} = 1.15 \times 680 - 105 = 677$MPa

$$l = \sqrt{R\Delta h} = \sqrt{230 \times 0.6} = 10.72\text{mm}$$

计算　　　　　　$fl/\bar{h} = 0.055 \times 10.72/3.15 = 0.19(fl/\bar{h})^2 = 0.04$

计算　　　　　　$a = 8(1 - u^2)/\pi E = 0.003(u = 0.3, E = 210\text{GPa})$

因此　　　$2af(1.15\overline{Qs} - \overline{Q})/\bar{h} = 2 \times 0.003 \times 0.055 \times 680/3.15 = 0.07(f = 0.055)$

由斯通图解法图解得　　　　　　$x = fl'/\bar{h} = 0.24$

查表得　　　　　　　　　　$e^x - 1/x = 1.131$

故　　　　　　　　　　$\bar{P} = 1.131 \times 677 = 766\text{MPa}$

由　　　　　$fl'/\bar{h} = 0.24 \rightarrow l' = 0.24 \times 3.15/0.055 = 13.75\text{mm}$

$$P_{总} = Bl'\bar{P} = 1300 \times 13.75 \times 766 = 13692\text{kN}$$

第三道：压下量为 $\Delta h = 0.5\text{mm}$，出口总压下率为40%。则平均压下率为

$$\sum \varepsilon = 0.4\varepsilon_1 + 0.6\varepsilon_2 = 0.4 \times 27.5\% + 0.6 \times 40\% = 35\%$$

根据典型产品 Q235 的含碳量查找对应的加工硬化曲线可知：$\sigma_{0.2} = 730\text{MPa}$

平均单位张力　　　　　　$\overline{Q} = (110 + 120)/2 = 115\text{MPa}$

故　　　　　　$1.15\overline{Qs} - \overline{Q} = 1.15 \times 730 - 115 = 725\text{MPa}$

$$l = \sqrt{R\Delta h} = \sqrt{230 \times 0.5} = 10.72\text{mm}$$

计算　　　　　$fl/\bar{h} = 0.055 \times 10.72/2.65 = 0.22(fl/\bar{h})^2 = 0.05$

计算　　　　　$a = 8(1 - u^2)/\pi E = 0.003 (u = 0.3, E = 210\text{GPa})$

因此　　　$2af(1.15\overline{Qs} - \overline{Q})/\bar{h} = 2 \times 0.003 \times 0.055 \times 740/2.65 = 0.09 (f = 0.055)$

由斯通图解法图解得　　　　　　$x = fl'/h = 0.27$

查表得　　　　　　　　　$e^x - 1/x = 1.149$

故　　　　　　　　　　$\bar{P} = 1.149 \times 725 = 833\text{MPa}$

由　　　　　$fl'/\bar{h} = 0.27 \rightarrow l' = 0.27 \times 2.65/0.055 = 13.01\text{mm}$

$$P_{总} = Bl'\bar{P} = 1300 \times 13.01 \times 833 = 14089\text{kN}$$

第四道：压下量为 $\Delta h = 0.3\text{mm}$，出口总压下率为47.5%。则平均压下率为

$$\varepsilon = 0.4\varepsilon_1 + 0.6\varepsilon_2 = 0.4 \times 40\% + 0.6 \times 47.5\% = 44.5\%$$

根据典型产品 Q235 的含碳量查找对应的加工硬化曲线可知：$\sigma_{0.2} = 780\text{MPa}$

平均单位张力　　　　　　$\overline{Q} = (100 + 100)/2 = 100\text{MPa}$

故　　　　　　$1.15\overline{Qs} - \overline{Q} = 1.15 \times 700 - 125 = 797\text{MPa}$

$$l = \sqrt{R\Delta h} = \sqrt{230 \times 0.3} = 8.31\text{mm}$$

计算　　　　　$fl/\bar{h} = 0.055 \times 8.31/2.25 = 0.20(fl/\bar{h})^2 = 0.04$

计算　　　　　$a = 8 (1 - u^2)/\pi E = 0.003 (u = 0.3, E = 210\text{GPa})$

因此　　　$2af (1.15\overline{Qs} - \overline{Q})/\bar{h} = 2 \times 0.003 \times 0.055 \times 797/2.25 = 0.12 (f = 0.055)$

由斯通图解法图解得　　　　　　$x = fl'/\bar{h} = 0.29$

查表得　　　　　　　　　$e^x - 1/x = 1.160$

故　　　　　　　　　　$\bar{P} = 1.160 \times 797 = 925\text{MPa}$

由　　　　　$fl'/\bar{h} = 0.29 \rightarrow l' = 0.29 \times 2.25/0.055 = 11.86\text{mm}$

$$P_{总} = Bl'\bar{P} = 1300 \times 11.86 \times 925 = 14262\text{kN}$$

第五道：压下量为 $\Delta h = 0.1\text{mm}$，出口总压下率为50%。则平均压下率为

$$\sum \varepsilon = 0.4\varepsilon_1 + 0.6\varepsilon_2 = 0.4 \times 44.5\% + 0.6 \times 50\% = 47.8\%$$

根据典型产品 Q235 的含碳量查找对应的加工硬化曲线可知：$\sigma_{0.2} = 765\text{MPa}$

平均单位张力 $\qquad \overline{Q} = (30 + 100)/2 = 65\text{MPa}$

故 $\qquad\qquad 1.15\,\overline{Qs} - \overline{Q} = 1.15 \times 765 - 65 = 815\text{MPa}$

$$l = \sqrt{R\Delta h} = \sqrt{230 \times 0.1} = 4.80\text{mm}$$

计算 $\qquad fl/\overline{h} = 0.055 \times 4.80/2.05 = 0.13 (fl/\overline{h})^2 = 0.02$

计算 $\qquad a = 8(1 - u^2)/\pi E = 0.003\ (u = 0.3,\ E = 210\text{GPa})$

因此 $\qquad 2af(1.15\,\overline{Qs} - \overline{Q})/\overline{h} = 2 \times 0.003 \times 0.055 \times 815/2.05 = 0.13\ (f = 0.055)$

由斯通图解法图解得 $\qquad x = fl/\overline{h} = 0.23$

查表得 $\qquad\qquad e^x - 1/x = 1.125$

故 $\qquad\qquad \overline{P} = 1.125 \times 815 = 917\text{MPa}$

由 $\qquad fl'/\overline{h} = 0.23 \rightarrow l' = 0.23 \times 2.05/0.055 = 8.57\text{mm}$

$$P_{\text{总}} = Bl'\overline{P} = 1300 \times 8.57 \times 917 = 10216\text{kN}$$

4.6.4.3 轧辊各部分尺寸的确定

五机架连轧机的工作辊辊身直径为 $D_g = 460\text{mm}$，辊身长度 $L_s = 1700\text{mm}$；中间辊直径 $D_{zhj} = 540\text{mm}$；支撑辊直径为 $D_{zh} = 1150\text{mm}$，据此确定轧辊其他参数以备校核。

轧辊材质选用合金钢，许用应力 $[\sigma] = 20\text{kg/mm}^2$，许用接触应力 $[\sigma'] = 240\text{kg/mm}^2$，$[\tau'] = 73\text{kg/mm}^2$

工作辊辊颈直径 $\qquad d_1 = (0.5 \sim 0.55)D_g = 240\text{mm}$

工作辊辊颈长度 $\qquad l_1 = (0.83 \sim 1.0)d_1 = 240\text{mm}$

中间辊辊颈直径 $\qquad d_2 = (0.5 \sim 0.55)D_g = 250\text{mm}$

中间辊辊颈长度 $\qquad l_2 = (0.83 \sim 1.0)d_2 = 240\text{mm}$

支撑辊辊颈直径 $\qquad d_3 = (0.5 \sim 0.55)D_{zh} = 630\text{mm}$

支撑辊辊颈长度 $\qquad l_3 = (0.83 \sim 1.0)d_3 = 530\text{mm}$

辊头采用滑块式万向接轴辊头，其主要尺寸如下：

$$D = D_{\min} - 10 = 460 - 10 = 450\text{mm}$$

辊头厚度 $\qquad s = (0.25 \sim 0.28) \times 450 = 125\text{mm}$

一个支叉宽度 $\qquad b = s = 125\text{mm}$

$$c = (0.5 \sim 1.0)b = 125\text{mm}$$

$$a = (0.5 \sim 0.6)D_1 = 0.6 \times 450 = 270\text{mm}$$

辊头总宽度 $\qquad b_0 = 417.6\text{mm}$

断面系数 $\qquad \eta = 0.493$

接轴铰链中心到危险断面的距离 $\qquad X_1 = 0.5a = 135\text{mm}$

接轴角 $\qquad \alpha = 80°$

轧件宽度 $\qquad B = 1300\text{mm}$

支撑辊压下螺丝间的中心距 $\qquad L_{zh} = 2230\text{mm}$

中间辊压下螺丝间的中心距 $\qquad L_g = 1940\text{mm}$

工作辊压下螺丝间的中心距 $\qquad L_g = 1940\text{mm}$

工作辊与支撑辊的其他部分尺寸如图 4 – 13 所示。

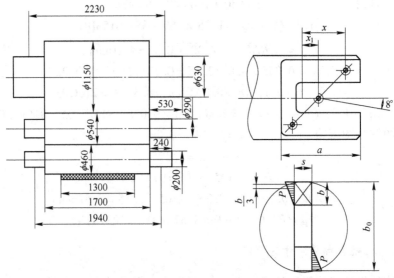

图 4 – 13　轧辊尺寸

五机架连轧机组各机架需要校核的具体数据见表 4 – 10。

表 4 – 10　连轧机组轧机校核数据

机　架	轧制压力/kN	电机功率/kW	转速/r · min^{-1}	前后张力差/kN
一	9899	1 × 5500	331	60
二	13692	1 × 5500	353	30
三	14089	1 × 5500	426	10
四	14262	1 × 5500	486	0
五	10216	1 × 5500	519	70

4.6.4.4　咬入能力的校核

轧机要能够顺利进行轧制，必须保证咬入符合轧制规律，所以要对咬入条件进行校核。

$$\Delta h = D(1 - \cos\alpha)$$
$$\alpha \leqslant \beta$$

式中　D——工作辊直径；

　　Δh——轧件的压下量；

　　α——咬入角；

　　β——摩擦角。

原料在 1 号轧机咬入比较困难，所以对第一架进行咬入能力的校核。

校核如下：

$$\alpha = \arccos\left(1 - \frac{\Delta h}{D}\right)$$

已知 $D = 460\text{mm}$，$f = 0.08$，$\Delta h = 0.6\text{mm}$。得到

$$\alpha = \arccos\left(1 - \frac{0.6}{460}\right) = 2.92°$$

而 $f = \tan\beta$，得到

$$\beta = \arctan f = \arctan 0.08 = 4.58°$$

由于 $\alpha = 2.92° < \beta = 4.58°$，因此，1号轧机可以实现顺利咬入带钢。

中性角为

$$\gamma = \frac{\alpha}{2}\left(1 - \frac{\alpha}{2f}\right) = \frac{2.92}{2} \times \frac{3.14}{180} \times \left(1 - \frac{2.92 \times 3.14}{2 \times 180 \times 0.08}\right) = 0.017$$

前滑值为

$$S_h = \frac{\gamma^2}{h}R = \frac{0.017^2}{3.4} \times 230 = 0.0196$$

有

$$v = \frac{v_1}{1 + S_h} = \frac{7.35}{1 + 0.0196} = 7.24\text{m/s}$$

则轧辊转速为

$$n_1 = \frac{60v}{\pi D} = \frac{60 \times 7.24}{3.14 \times 0.46} = 301\text{m/s}$$

同理可以求出其他四辊转速分别为 $n_2 = 353\text{m/s}, n_3 = 426\text{m/s}, n_4 = 486\text{m/s}, n_5 = 519\text{m/s}$。

4.6.4.5 轧辊强度校核

A 支撑辊强度校核

因为第四架的轧制压力最大，所以校核以第四架为例：

辊身中央处承受最大弯曲力矩为

$$M_{zh} = P(L_{zh}/4 - L_s/8) = 1455.3 \times 10^3 \times (2230/4 - 1700/8) = 5.02 \times 10^8\text{kg} \cdot \text{mm}$$

辊身中央处产生的最大弯曲应力为

$$\sigma_{max} = M_{zh}/(0.1 \times D_{zh}^3) = 5.02 \times 10^8/(0.1 \times 1150^3) = 3.30\text{kg/mm}^2$$

$$\sigma_{max} < [\sigma]$$

辊颈危险截面在辊颈与辊身连接处，此处弯矩为

$$M_2 = P \times l_3/4 = 1455.3 \times 10^3 \times 530/4 = 1.93 \times 10^8\text{kg} \cdot \text{mm}$$

该危险端面的弯曲应力为

$$\sigma_2 = M_2/(0.1 \times d_2^3) = 1.93 \times 10^8/(0.1 \times 630^3) = 7.72\text{kg/mm}^2$$

支撑辊弯矩图如图4-14所示。

B 中间辊强度校核

中间辊所受的作用力与作用反力都是均布载荷且相等，所以辊身承受的弯曲力矩 $M_{zh} = 0$。

C 工作辊强度校核

工作辊身中央处承受的垂直弯矩为

$$M_{g1} = P(L_s/8 - B/8) = 1455.3 \times 10^3(1700/8 - 1300/8) = 7.28 \times 10^7\text{kg} \cdot \text{mm}$$

张力作用差与辊身所产生的水平弯矩为

$$M_{g2} = T(L_g/8 - B/16) = 1.01 \times 10^3(1940/8 - 1300/16) = 1.63 \times 10^5\text{kg} \cdot \text{mm}$$

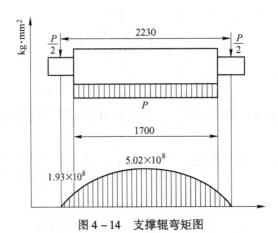

图 4 - 14　支撑辊弯矩图

辊身中部的合成弯矩为

$$M_g^2 = M_{g1}^2 + M_{g2}^2$$

所以　　　　　　　　　　　$M_g = 7.28 \times 10^7 \text{kg} \cdot \text{mm}$

工作辊身中央处最大弯曲应力为

$$\sigma_g = M_g/(0.1 \times D_g^3) = 7.28 \times 10^7/(0.1 \times 460^3) = 7.48 \text{kg/mm}^2$$

所以　　　　　　　　　　　$\sigma_{\max} < [\sigma]$

工作撑辊弯矩图如图 4 - 15 所示。

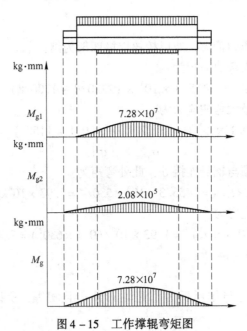

图 4 - 15　工作撑辊弯矩图

D　工作辊辊头强度计算

$$M_n = 9550N/n = 9550 \times 1 \times 5500/486 = 1.08 \times 10^5 \text{N} \cdot \text{m} = 1.10 \times 10^7 \text{kg} \cdot \text{mm}$$

$$x = 0.5\left(b_0 - \frac{2}{3}b\right)\sin\alpha + x_1 = 0.5 \times (417.6 - 2/3 \times 125)~\sin 8° + 135 = 158.3 \text{mm}$$

工作辊辊头接轴扁头（带切口）强度按梅耶洛维奇经验公式计算：

$$\sigma_j = \frac{1.1M_n}{\left(b_0 - \frac{2}{3}b\right)bs^2} \times \left[3x + \sqrt{9x^2 + \left(\frac{b}{6\eta}\right)^2}\right]$$

$$= \frac{1.1 \times 1.1 \times 10^7}{\left(417.6 - \frac{2}{3} \times 125\right) \times 125 \times 125^2} \times \left[3 \times 158.3 + \sqrt{9 \times 158.3^2 + \left(\frac{125}{6 \times 0.493}\right)^2}\right]$$

$$= 16.03 \text{kg/mm}^2 < [\sigma]$$

辊头接轴叉头的最大应力按下式计算：

$$\sigma = 27.5M_n(2.5k + 0.6)/D_1^3$$
$$= 27.5 \times 1.10 \times 10^7(2.5 \times 1.2 + 0.6)/450^3$$
$$= 11.95 \text{kg/mm}^2 < [\sigma] \quad (\text{其中 } k = 1 + 0.05\alpha^{2/3} = 1.2)$$

E 支撑辊与中间辊接触应力计算

支撑辊与中间辊材料相同，所以

$$v_1 = 0.30, \quad E = 210\text{GPa}, \quad [\sigma'] = 240\text{kg/mm}^2, \quad [\tau'] = 73\text{kg/mm}^2$$
$$q = P/L_s = 1.4262 \times 10^7/1700 = 8389.41\text{N/mm}$$

按赫兹公式计算：

$$\sigma_{max} = 0.418\sqrt{\frac{qE(r_1 + r_2)}{r_1 r_2}}$$

式中 q——加在接触表面单位长度上的负荷，$q = \frac{P}{L_s}$；

r_1, r_2——相互接触的两个轧辊（即支撑辊与中间辊）的半径。

$$\sigma_{max} = \sqrt{\frac{8389.41 \times 2.1 \times 10^4 \times (575 + 270)}{575 \times 270}} = 409.32\text{N/mm}^2 = 41.77\text{kg/mm}^2$$

$$\tau_{max} = 0.304 \times \sigma_{max} = 0.304 \times 41.77 = 12.70\text{kg/mm}^2$$

因为 $\sigma_{max} < [\sigma'] = 240\text{kg/mm}^2, \tau_{max} < [\tau'] = 73\text{kg/mm}^2$

所以轧辊满足接触强度要求。

F 中间辊与工作辊接触应力计算

中间辊与工作辊材料相同，所以

$$v_1 = 0.30, \quad E = 210\text{GPa}, \quad [\sigma'] = 240\text{kg/mm}^2, \quad [\tau'] = 73\text{kg/mm}^2$$
$$q = P/L_s = 1.4262 \times 10^7/1700 = 8603.53\text{N/mm}$$

按赫兹公式计算：

$$\sigma_{max} = 0.418\sqrt{\frac{qE(r_1 + r_2)}{r_1 r_2}}$$

式中 q——加在接触表面单位长度上的负荷，$q = \frac{P}{L_s}$；

r_1, r_2——相互接触的两个轧辊（即中间辊与工作辊）的半径。

$$\sigma_{max} = \sqrt{\frac{8389.41 \times 2.1 \times 10^4 \times (270 + 230)}{270 \times 230}} = 497.84\text{N/mm}^2 = 50.80\text{kg/mm}^2$$

$$\tau_{max} = 0.304 \times \sigma_{max} = 0.304 \times 50.80 = 15.44 kg/mm^2$$

因为　　　　　$\sigma_{max} < [\sigma'] = 240 kg/mm^2, \tau_{max} < [\tau'] = 73 kg/mm^2$

所以轧辊满足接触强度要求。

根据以上结果，轧辊各部分均满足强度要求。

4.6.4.6　轧机生产能力校核

A　轧机工作图表

轧机工作图表如图 4 - 16 所示。

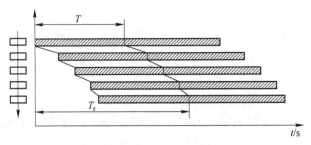

图 4 - 16　轧机工作图表

B　轧制节奏确定

原料平均卷重 30t，以 2.0 × 1300 的典型产品为例可算得

原料长度：　　$L_0 = \dfrac{Q}{\rho h B} = \dfrac{30 \times 10^3}{7.8 \times 10^3 \times 3 \times 1300 \times 10^{-6}} = 986.19m$

第五架轧机的出口速度为 400m/min，得到

$$t_{zh} = \frac{L_0}{V_S} = \frac{986.19}{400} \times 60 = 148s$$

因为是连续轧制，则间隙时间 $\Delta t = 0s$

所以轧制节奏　　　　　　$T = t_{zh} + \Delta t = 148s$

C　轧机小时产量的计算

轧钢机轧制某一品种的产品时，单位时间内生产出的产品重量为轧机小时产量，也称轧钢机的生产率。通常，技术上可以达到的小时产量为

$$A = 3600Qb/T \text{ t/h}$$

式中　Q——原料重量，t；

　　　T——轧制节奏，s；

　　　b——成品率，%。

实际小时产量需乘以轧机利用系数

$$A_1 = 3600QK_1b/T \text{ t/h}$$

式中　K_1——轧机利用系数，$K_1 \approx 0.80 \sim 0.85$。

轧机利用系数取 $K_1 = 0.85$，成品率 94.62%（普通碳素结构钢）。

轧机小时产量为

$$A_1 = 3600K_1b/T = 3600 \times 30 \times 0.85 \times 0.9462/148 = 547.22t/h$$

同理可计算其他产品的小时产量，见表 4 - 11。

表 4 - 11 各个产品的小时产量

产品名称	利用系数	小时产量/t·h⁻¹	年生产量/万吨	所占比例/%
冷轧带钢卷	0.84	547.97	50.0	25.00
冷轧薄钢板	0.85	547.22	35.0	17.50
电镀锌钢卷	0.83	546.93	35.0	17.50
电镀锌钢板	0.82	546.24	30.0	15.00
热镀锌钢卷	0.81	547.22	30.0	15.00
热镀锌钢板	0.83	546.30	20.0	10.00
合　计	—	—	200	100

D 轧机平均小时产量

轧机小时产量可以按轧制品种的百分数计算。采用这种方法时，没有考虑不同产品及不同规格在生产中的难易程度，但在与产品方案相近的情况下，其计算结果还是接近实际的。

若 a_1，a_2，a_3，…，a_n 表示不同产品在总产量中的百分比值；

A_1，A_2，A_3，…，A_n 表示该品种的轧机小时产量。

则轧机的平均小时产量 A_p 为

$$A_p = 1/\left(\frac{a_1}{A_1} + \frac{a_2}{A_2} + \cdots + \frac{a_n}{A_n}\right) = 1/\left(\frac{0.25}{547.97} + \frac{0.175}{547.22} + \cdots + \frac{0.1}{546.30}\right) = 541.91t/h$$

 思 考 题

4 - 1 冷轧板带钢的生产有哪些工艺特点？

4 - 2 冷轧板带钢生产的一般工艺流程是什么？

4 - 3 冷轧时为什么要进行工艺冷却和工艺润滑？

4 - 4 镀锌板的生产工艺流程是什么？

4 - 5 怎么制定冷轧板带的工艺制度？

4 - 6 镀锡板的生产工艺流程是什么？

4 - 7 常用的冷轧板轧机类型有哪些？

情境5 板带钢生产常见质量缺陷

近年来，随着我国轧钢技术及工艺的不断自主研发和应用，国内板带钢生产特别是热轧生产工艺已取得突破性进展，板带钢质量缺陷的原因分析更加精确，相关措施也越来越完善。其中热轧带钢质量主要要求有：一般指标包括成品规格、平直度、凸度、尺寸等允许的偏差，卷形缺陷指标包括镰刀弯、局部高点、塔性、楔形等偏差值，带钢表面及内部缺陷要求包括夹杂、擦划伤、表面洁净度、折叠、气泡、铁皮压入、带钢边缘折边破损及带钢表面辊印压痕等，还有带头带尾精度指标及几何尺寸要求。然而在实际生产过程中，成品质量还是不能完全达到理想标准。这就要求我们对常见的板带钢质量缺陷采取有效的控制措施，采用分类分析的方法，制定系统的控制方案。对缺陷的分类差别，可实现快速分析，及时更好地控制板带钢的质量。

5.1 缺陷分类

板带钢质量缺陷分类如图 5-1 所示。

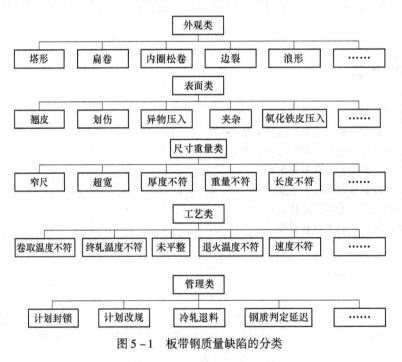

图 5-1 板带钢质量缺陷的分类

5.2 常见质量缺陷

板带钢生产常见的质量缺陷如下：

缺陷名称	纵裂 Longitudinal Crack

照片：

缺陷形貌及特征：纵裂纹是距钢板边部有一定距离的沿轧制方向裂开的小裂口或有一定宽度的线状裂纹。板厚大于 20mm 的钢板出现纵裂纹的概率较大。

缺陷成因：

（1）板坯凝固过程中坯壳断裂，出结晶器后进一步扩展形成板坯纵向裂纹，在轧制过程中沿轧制方向扩展并开裂。

（2）板坯存在横裂，在横向轧制过程中扩展并开裂。

预防：防止纵列纹产生的有效措施是使板坯坯壳厚度均匀，稳定冶炼，连铸工艺是减少纵裂纹产生的关键。

推荐处理措施：	可能混淆的缺陷：
（1）深度较浅的纵裂可采用修磨去除。 （2）修磨后剩余厚度不满足合同要求的钢板可采用火切切除、改规的方法，由于纵裂有一定长度，一般不采用焊补的方法挽救。 （3）纵裂面积较大时，钢板可直接判次或判废。	（1）边部折叠。 （2）边部线状缺陷。

缺陷名称	横裂 Transverse Crack

照片：

缺陷形貌及特征：裂纹与钢板轧制方向呈 30°～90°夹角，呈不规则的条状或线状等形态，有可能呈 M 形或 Z 形，横向裂纹通常有一定的深度。

缺陷成因：板坯在凝固过程中，局部产生超出材料强度极限的拉伸应力导致板坯横裂，在轧制过程中扩展和开裂。有可能是板坯振痕过深，造成钢坯横向微裂纹；钢坯中铝、氮含量较高，促使 AlN 沿奥氏体晶界析出，也可能诱发横裂纹；二次冷却强度过高也会造成板坯上的横裂。

预防：

（1）减少板坯振痕。

（2）控制板坯表面温度均匀并尽量减少板坯表面和边部的温度差。

（3）根据钢种不同合力选用保护渣。

（4）合理控制钢中的铝、氮含量。

续表

缺陷名称	横裂 Transverse Crack
推荐处理措施： （1）深度较浅的横裂可用修磨的方法去除。 （2）修磨后剩余厚度不满足合同要求的钢板可采用厚度改规或切除缺陷后改尺的方法。 （3）缺陷面积较大时钢板可直接判次或判废。	可能混淆的缺陷： （1）夹渣。 （2）折叠。 （3）星形裂纹。

缺陷名称	边裂 Edge Crack

照片：

缺陷形貌及特征：边部裂纹是钢板边部表面开口的月牙形、半圆形裂口，通常位于钢板单侧或两侧 100mm 范围内，一般沿钢板边部密集分布。边部裂纹距钢板边部的距离与钢板展宽比有关。

缺陷成因：板坯边角部裂纹在轧制过程中扩展、开裂，并随轧制过程中边部金属形变而转至钢板边部区域。

预防：
（1）稳定连铸工艺，控制板坯冷却速度和边部温度均匀性。
（2）加强板坯边部清理。

推荐处理措施： （1）连续发生边裂缺陷时应及时联系轧钢和制造部调整轧制计划，对同炉号未装炉的所有板坯返回炼钢厂清理。对于已装炉的同炉号板坯，根据缺陷距边部位置通知轧钢手工适当增加宽度余量。 （2）边裂一般较深且全长分布，通常采用切除缺陷后改尺的方法。	可能混淆的缺陷： （1）边部折叠。 （2）边部线状缺陷。

缺陷名称	星形裂纹 Star Crack

照片：

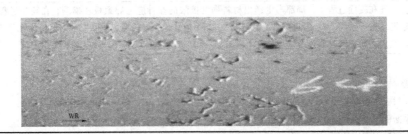

续表

缺陷名称	星形裂纹 Star Crack

缺陷形貌及特征：星形裂纹是钢板表面呈不闭合多边形或簇状的裂口，由于其分布类似于多边形的星星形状，故此得名。星形裂纹深浅不一，但通常清晰可见，在钢板表面的分布位置较为复杂。一般低合金钢种比碳素钢种更易发生星形裂纹，钢板越厚，出现星形裂纹的概率也越大。

缺陷成因：星形裂纹大多出现在锰、硅、铜、铝含量的钢种，由于硅酸盐类夹杂物和铜原子在奥氏体晶界上的富集降低了晶界的强度，从而在板坯上形成星形裂纹。在板坯加热和轧制过程中进一步扩展和演变成钢板表面的星形裂纹。

预防：
(1) 采用热装热送，减少铜原子的富集程度。
(2) 合理选用保护渣，控制结晶器给水温度。
(3) 防止板坯过热、过烧。

推荐处理措施：
(1) 深度较浅的星形裂纹可修磨去除。
(2) 修磨后剩余厚度不满足合同要求的钢板可采用厚度改规或切除缺陷后改尺的方法。
(3) 面积较大且较深的星形裂纹可直接判次或判废。

可能混淆的缺陷：
(1) 横裂。
(2) 龟裂。

缺陷名称	龟裂 Chap

照片：

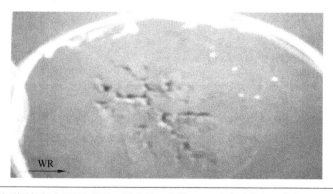

缺陷形貌及特征：龟裂是钢板表面呈龟贝状（网纹状）的裂口，一般长度较短，多产生在碳含量或合金含量较高的钢种。

缺陷成因：
(1) 板坯低温火焰清理时，局部温度骤升形成的热应力或冷却过程中产生的组织应力，使板坯表面炸裂。
(2) 板坯表面固有的网状裂纹在轧制过程中扩展和开裂。
(3) 板坯加热局部过热并出现较深的脱碳层，在轧制过程中因塑性降低而开裂。

预防：
(1) 控制板坯火焰清理时板坯余温。
(2) 防止板坯加热过烧。

续表

缺陷名称	龟裂 Chap
推荐处理措施： 　（1）较浅的龟裂可修磨去除。 　（2）修磨后剩余厚度不满足合同要求的钢板可采用厚度改规或切除缺陷后改尺的方法；若合同允许焊补，对于裂纹数量和面积较小的钢板可进行焊补挽救。	可能混淆的缺陷：星形裂纹。

缺陷名称	夹渣 Slag

照片：

缺陷形貌及特征：夹渣是钢板表面嵌入钢板本体的非金属物质，呈点状、片状或条状分布。通常非金属夹渣露出部分呈白色或灰白色。在含硅量较高的钢板上也会出现红褐色或褐色的非金属夹渣，这种夹渣也称为"红锈"。

缺陷成因：
　（1）连铸浇铸速度快，捞渣不及时，造成保护渣随钢水注入结晶器，形成渣钢混合物，轧后暴露于钢板表面。
　（2）炼钢脱氧剂加入后形成的脱氧化合物，在凝固过程中来不及浮出、排除，轧后暴露于钢板表面。
　（3）炼钢中间包、钢包等的耐火材料崩裂，脱落后进入钢水，再铸入板坯，轧后暴露于钢板表面。

预防：
　（1）合理控制连铸浇铸速度。
　（2）控制传搁时间，促使脱碳化合物及时上浮。
　（3）选用合适的耐火材料。

| 推荐处理措施：
　（1）深度较浅的夹渣可修磨去除，修磨后剩余厚度不满足合同要求的钢板可采用厚度改规或切除缺陷改尺的方法。
　（2）面积较大且较深的夹渣可直接判次或判废。 | 可能混淆的缺陷：氧化铁皮压入。 |

缺陷名称	分层 Lamination

照片：

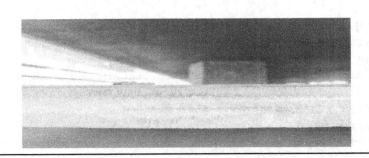

续表

缺陷名称	分层 Lamination

缺陷形貌及特征：在钢板的切割断面上呈现一条或多条平行的缝隙，即钢板局部存在基本平行于钢板表面的未焊合界面。

缺陷成因：

(1) 板坯中的夹杂物，在轧制后延展为片状并逐渐长大，直至形成分层。

(2) 板坯中心区域低溶质物质富集，中心偏析带内存在硫化物聚集，形成夹杂性裂纹。

(3) 板坯内部本身存在内裂、分层、疏松或缩孔等缺陷，轧制后形成分层。

(4) 板坯氢含量较高，轧制后气体释放不尽，形成氢致裂纹。

预防：

(1) 炼钢过程中控制钢水的纯净度，减少夹杂物或促使夹杂充分上浮。

(2) 控制钢水中的气体含量，控制中间包和覆盖剂的水分含量。

推荐处理措施： (1) 分层如果分布密集或具有一定的面积应作判次或判废处理。 (2) 夹杂性分层如果分布比较分散，且不具有明显的长度和宽度，一般不影响使用。为保证钢板的质量，一般均用切除的方法消除分层缺陷。	可能混淆的缺陷：切边不足。

缺陷名称	翘皮 Shell

照片：

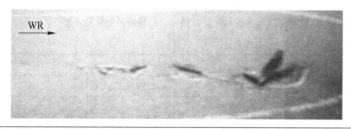

缺陷形貌及特征：翘皮是指钢板表面出现材料搭叠区域，其形状通常呈舌状或山峰状，有闭合的，有张开的，缺陷根部与钢板基体相连。

缺陷成因：

(1) 板坯本身的皮下气泡在轧制过程破裂延伸造成。

(2) 连铸过程中非金属夹杂物卷入板坯，在轧制过程中夹杂物破碎而形成。

(3) 板坯表面有较深的沟槽，或板坯清理表面缺陷后形成的沟槽宽深比过小，在轧制过程中由于表面延伸而形成双金属搭叠。

预防：

(1) 稳定连铸工艺，提高坯料质量。

(2) 严格遵守板坯清理的有关规定。

推荐处理措施： (1) 深度较浅的翘皮可用修磨去除，修磨后如果厚度低于下限可采用厚度改规或切除缺陷后改尺的方法。 (2) 严重的翘皮可直接采用切除后改尺的方法。	可能混淆的缺陷：折叠。

缺陷名称	端部折叠 Head Fold

照片：

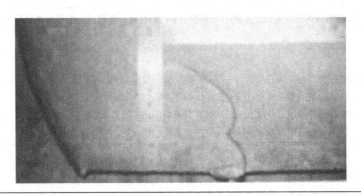

缺陷形貌及特征：端部折叠是指位于钢板头尾边角部的材料搭叠区域，形状通常呈弧形或 M 形。下表面出现该缺陷的概率较大。

缺陷成因：

（1）轧制过程中钢板边角部的翘头扣头部分被卷入钢板表面，形成折叠。

（2）板坯切割后的熔渣清理不净，轧制过程中卷入钢板表面。

预防：

（1）合理控制轧制过程中的翘头扣头。

（2）加强板坯切割后的清理和检查工作。

推荐处理措施：缺陷一般位于钢板头尾局部（一般在端部 200mm 左右范围内），在考虑钢板成品尺寸的前提下，尽可能切除缺陷。	可能混淆的缺陷：翘皮。

缺陷名称	边部折叠 Edge Fold

照片：

缺陷形貌及特征：边部折叠是指钢板单侧或双侧边部的多条平行于钢板轧制方向的表面裂口，通常呈连续或断续密集分布，表面裂口一般略有弯曲。

展宽比大的钢板边部折叠与边部的距离较大。

缺陷成因：

（1）板坯边部清理形状不佳，板坯断面有裂纹，在轧制过程中形成边部折叠。

（2）展宽轧制过程中钢板的翘头扣头在转钢 90° 后被卷入钢板边部，形成距边部一定距离的表面裂口缺陷。

续表

缺陷名称	边部折叠 Edge Fold

预防：

（1）严格按规定进行板坯边部清理。

（2）对展宽比较大的钢板合理控制展宽轧制过程中的翘头扣头。

（3）控制板坯加热后的上下表面温差。

推荐处理措施：	
（1）边部折叠深浅不一，较浅的缺陷可通过修磨去除，较深的需要切除并可能造成钢板改规。 （2）发现批量缺陷且可能导致改规时，可根据缺陷距边的距离通知轧钢适当增加宽度余量。 （3）控制双边剪跑偏可以减少切除缺陷后改规的可能性。	可能混淆的缺陷： （1）边部线状缺陷。 （2）边裂。

缺陷名称	边部线状缺陷 Edge Line Shape Defect

照片：

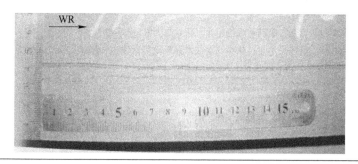

缺陷形貌及特征：边部线状缺陷是指钢板单侧或双侧边部平行于轧制方向的呈笔直线状的表面裂口，缺陷通常有一定的长度，也有可能与轧制方向形成一个较小的夹角。

展宽比大的钢板边部线状缺陷与边部的距离较大。

缺陷成因：

（1）展宽轧制过程中钢板的翘头扣头在转钢90°后被卷入钢板边部，形成距边部一定距离的表面裂口缺陷。

（2）板坯边部清理形状不佳，板坯断面有裂纹，在轧制过程中形成边部线状缺陷。

预防：

（1）对展宽比较大的钢板合理控制展宽轧制过程中的翘头扣头。

（2）严格按规定进行板坯边部清理。

（3）控制板坯加热后的上下表面温差。

推荐处理措施：	
（1）较浅的边部线状缺陷可通过修磨去除，较深的需要切除并可能造成钢板改规。 （2）发现批量缺陷且可能导致改规时，可根据缺陷距边的距离通知轧钢适当增加宽度余量。 （3）控制双边剪跑偏可以减少切除缺陷后改规的可能性。	可能混淆的缺陷： （1）边部折叠。 （2）边裂。

缺陷名称	一次氧化铁皮 Rolling Scale

照片：

缺陷形貌及特征：一次氧化铁皮是指板坯加热过程中生成的氧化铁皮在轧制过程中被压入钢板表面的一种缺陷，颜色通常呈灰褐色，其成分为 Fe_3O_4，形态呈小斑点、大块斑痕或带状条纹等形式，通常伴有铁氧化物剥落后形成的麻点或麻坑。

缺陷成因：
(1) 板坯加热时间过长，钢板表面形成的粗大氧化铁皮太厚而不易清除。
(2) 板坯轧制前除鳞系统压力不足，喷嘴堵塞或水泵跳电等原因，表面氧化铁皮未能得到有效清除，造成部分附着力较强的氧化铁皮呈片状或块状被压入钢板本体。

预防：
(1) 制定合理的加热制度，控制加热温度和加热时间。
(2) 提高轧制前除鳞系统的除鳞效能，合理使用加热炉。

推荐处理措施： (1) 对缺陷程度进行确认，不满足合同要求的应先进行修磨处理，修磨处剩余厚度不满足合同要求时可采取厚度改规或切除缺陷后改尺的方法。 (2) 面积较大或深度较深的缺陷也可直接采用切除缺陷改尺的方法或直接判废或判次。	可能混淆的缺陷：二次氧化铁皮。

缺陷名称	二次氧化铁皮 Rolling Scale

照片：

缺陷形貌及特征：二次氧化铁皮是指钢板在轧制过程中生成的氧化铁皮被压入钢板表面的一种缺陷，颜色通常呈红棕色，其成分为 Fe_2O_3 或 FeO，呈散布的点状、块状或条状分布。

续表

缺陷名称	二次氧化铁皮 Rolling Scale

缺陷成因：轧机除鳞系统压力不足、喷嘴堵塞或水泵跳电等原因，轧制过程中生成的二次氧化铁皮未能得到有效的清除，造成部分氧化铁皮呈片状或块状被压入钢板本体。

预防：提高轧机除鳞系统的除鳞效能。

推荐处理措施：

  （1）对缺陷程度进行确认，不满足合同要求的缺陷可通过修磨去除，当修磨处剩余厚度不满足合同要求时可采取厚度改规或切除缺陷后改尺的方法。

  （2）面积较大或深度较深的缺陷也可直接采用切除缺陷改尺的方法或直接判废或判次。

  （3）出现批量氧化铁皮时应及时通知轧钢。

可能混淆的缺陷：一次氧化铁皮。

缺陷名称	氧化铁皮麻坑 Scale Pit

照片：

缺陷形貌及特征：氧化铁皮麻坑是指钢板表面局部或成片的粗糙面，在钢板抛丸后比较多见。抛丸前氧化铁皮麻坑附近常伴有氧化物。

缺陷成因：板坯加热后表面生成过厚的氧化铁皮（或有局部过热），在轧制前除鳞不彻底，在轧制中氧化铁皮呈片或块状压入钢板本体，轧后氧化铁皮冷却收缩，在受到振动时脱落，形成形态各异、深浅不同的小凹坑。

预防：

  （1）合理控制加热炉各段的加热温度。

  （2）保证除鳞系统的压力，稳定除鳞系统状态，确保除鳞效果。

推荐处理措施：

  （1）缺陷表面积较小且较浅时可通过修磨去除，当修磨处最小厚度不满足合同要求时可采用厚度改规或切除缺陷改尺的方法。

  （2）缺陷面积较大或较深时可直接切除缺陷部位改尺或直接判废或判次。

可能混淆的缺陷：凹坑。

缺陷名称	氧化铁渣压入

照片：

　　缺陷形貌及特征：氧化铁渣压入是钢板表面点状或块状不规则分布的铁氧化物压入，缺陷颜色一般呈黑色，缺陷表面通常高于钢板本体。

　　缺陷成因：

　　（1）除鳞时从板面上清除的氧化铁皮黏附或堆积在轧机导板、护板、切水板等部位，当受到外力振动时这些氧化铁渣掉落到钢板表面并被压入钢板本体。

　　（2）氧化铁皮黏附在轧辊表面并被压入钢板。

　　（3）钢板有翘头扣头，在轧制过程中卷入轧机导板外的氧化铁渣被压入钢板下表面。

　　预防：

　　（1）定期检查并清理轧机机架各部分堆积的氧化铁渣。

　　（2）轧制过程中利用除鳞水冲洗，防止氧化铁渣堆积。

推荐处理措施：通常可修磨去除，当修磨处最小厚度不满足合同要求时可切除缺陷改尺或厚度改规。	可能混淆的缺陷：夹渣。

缺陷名称	氧化铁渣麻坑

照片：

　　缺陷形貌及特征：氧化铁渣麻坑是指钢板表面块状的底部粗糙的凹坑，有时在附近有残留的氧化铁渣，形状各异。

续表

缺陷名称	氧化铁渣麻坑

缺陷成因：

（1）除鳞时从板面上清除的氧化铁皮黏附或堆积在轧机导板、护板、切水板等部位，当受到外力振动时这些氧化铁渣掉落到钢板表面并被压入钢板本体。

（2）氧化铁皮黏附在轧辊表面并被压入钢板。

（3）钢板有翘头扣头，在轧制过程中卷入轧机导板外的氧化铁渣并被压入钢板下表面。

（4）在轧后冷却过程中钢板上的氧化铁渣压入缺陷收缩脱落，或者由于受到外力振动导致钢板上的氧化铁渣压入脱落，形成底面粗糙的麻坑。

预防：

（1）定期检查并清理轧机机架部分的氧化铁渣。

（2）轧制过程中利用除鳞水冲洗，防止氧化铁渣堆积。

推荐处理措施：通常可修磨去除，修磨处最小厚度不满足合同要求时可切除缺陷改尺或厚度改规。	可能混淆的缺陷： （1）凹坑。 （2）夹渣压入。

缺陷名称	轧制凹坑 Rolling Pit

照片：

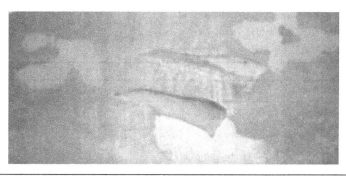

缺陷形貌及特征：轧制凹坑是指钢板表面点状或块状的热态凹坑，轧制凹坑分布无规则，缺陷形状各异，凹坑底面有高温下形成的氧化层，缺陷区域的颜色与钢板本体相近，无金属光泽。

缺陷成因：

（1）钢板轧制过程中表面压入异物，异物脱落后形成凹坑。

（2）钢板表面黏附的异物或火焰清理的熔渣未清理干净，在轧制过程中被压入，异物脱落后形成凹坑。

（3）轧辊表面黏附的异物，轧制过程中压入钢板表面。

预防：

（1）加强轧机设备管理，防止钢板轧制过程中刮擦导卫板等形成金属异物。

（2）加强板坯表面质量管理。

推荐处理措施：对缺陷程度进行确认，满足合同要求的应修磨去除，当修磨处最小厚度不满足合同要求时可采用厚度改规或切除缺陷改尺的方法。	可能混淆的缺陷：精整凹坑。

缺陷名称	轧制毛刺压入 Rolling Burr Press

照片：

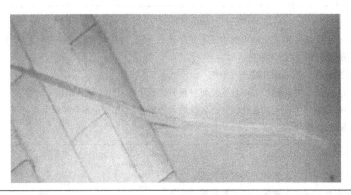

缺陷形貌及特征：轧制毛刺压入是指钢板表面呈细条状的热态压痕，缺陷形状通常呈弯曲的细条状，缺陷底面有高温下形成的氧化铁膜，压痕底面的颜色与钢板本体相近。

缺陷成因：钢板轧制过程中钢板与轧机设备刮擦，形成的毛刺被压入钢板表面。

预防：

（1）加强轧机设备管理，防止设备松动异常。

（2）加强轧制过程的板形控制，防止翘头扣头或镰刀弯过大。

推荐处理措施： （1）在确保成品尺寸的前提下尽可能切除轧制毛刺压入，但有可能造成切除缺陷后改尺。 （2）个别深度较浅的缺陷可采用修磨去除的方法。	可能混淆的缺陷：剪切毛刺压入。

缺陷名称	轧制异物压入 Rolling Impurity Press

照片：

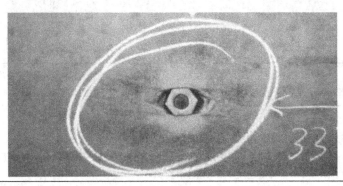

缺陷形貌及特征：轧制异物压入是指钢板表面有外来物嵌入或压入后又脱落的凹痕，如螺杆、螺帽等金属物压入。

缺陷成因：轧制过程中，外来物掉落在钢板表面，并压入钢板本体。

预防：加强设备检修管理，杜绝检修后螺栓、螺帽未完全紧固，或是设备区域有遗留的设备部件。

推荐处理措施： （1）在确保成品尺寸的前提下尽可能切除缺陷。 （2）通知轧钢检查轧机工作辊和热矫直辊。	可能混淆的缺陷：无。

缺陷名称	工作辊压痕 Work Roll Mark

照片：

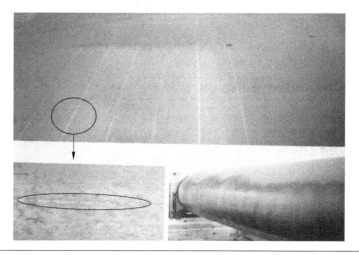

缺陷形貌及特征：工作辊压痕是指钢板表面有全长或周期性的凹坑或凸起。

缺陷成因：轧机工作辊表面有异物黏附或机械损伤，轧制过程中在钢板表面形成周期性缺陷。切水板与工作辊间隙过小，损伤工作辊表面。

预防：
　　(1) 加强生产过程中轧机工作辊和切水板的状态检查。
　　(2) 发现工作辊压痕后因调整切水板与工作辊的间隙。

推荐处理措施： 　　(1) 对缺陷程度进行确认，不满足合同要求的可通过修磨去除。 　　(2) 缺陷程度严重时可直接判废或判次。 　　(3) 出现废钢后应对工作辊状态进行检查和确认。	可能混淆的缺陷：热矫压痕。

缺陷名称	热矫压痕

照片：

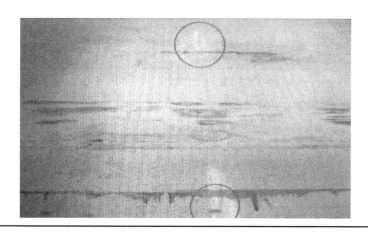

续表

缺陷名称	热矫压痕

缺陷形貌及特征：热矫压痕是指钢板表面有接近全长或周期性的凹坑或凸起缺陷。

缺陷成因：

（1）热矫直辊因受钢板撞击损伤或有异物黏着，在钢板矫直过程中形成周期性表面缺陷。

（2）热矫工作辊和支撑辊接触不良，损伤工作辊表面。

预防：加强钢板板形控制，防止钢板撞击热矫直辊。加强热矫直辊的状态检查。

推荐处理措施： （1）通知相关人员修磨热矫直辊。 （2）对热矫压痕深度进行确认，不满足合同要求的钢板进行修磨处理。	可能混淆的缺陷：工作辊压痕。

缺陷名称	凹凸块 Protrusion

照片：

缺陷形貌及特征：凹凸块是指钢板表面周期性的块状或条状凹坑或凸起。

缺陷成因：轧机工作辊掉肉、辊面机械损伤或黏附异物，钢板轧制时形成表面缺陷。

预防：

（1）加强辊面质量检查。

（2）发现缺陷及时反馈。

推荐处理措施： （1）通知轧钢检查轧机工作辊。 （2）对缺陷程度进行确认，不满足合同要求的应采用修磨去除。 （3）缺陷程度严重时也可以直接切除缺陷后改尺或直接判废或判次。	可能混淆的缺陷：工作辊压痕。

缺陷名称	轧制划伤 Rolling Scratch

照片：

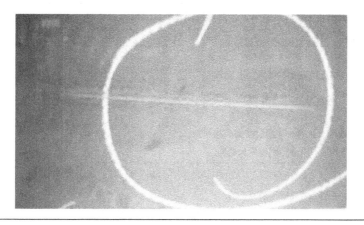

缺陷形貌及特征：轧制划伤是指钢板表面直线状的细长形缺陷，缺陷通常平行于轧制方向，呈全长连续性或间断性分布，轧制划伤有可能是单条，也可能是多条。划伤处有高温下形成的氧化铁层，颜色与钢板本体接近，无明显金属光泽。

缺陷成因：

（1）轧机机架辊被动转，造成钢板下表面与机架辊摩擦后形成划伤，这种划伤分布不规则，深度一般较浅，划伤深度与钢板厚度有一定关系。

（2）辊道花架松动，高于辊道标高，造成钢板与花架摩擦形成划伤。这种划伤通常呈 300mm 左右间距多条分布，深浅不一。

预防：加强轧机机架辊和辊道花架状态的管理和监控。

推荐处理措施： （1）对缺陷程度进行确认，不满足合同要求的缺陷应先采用修磨去除，修磨处最小厚度低于下限时可采用厚度改规或切除缺陷后改尺的方法。 （2）严重的划伤也可以直接切除后改尺。	可能混淆的缺陷：冷态划伤。

缺陷名称	全长翘曲 Head Tail Buckles

照片：

缺陷名称	全长翘曲 Head Tail Buckles

缺陷形貌及特征：钢板全长翘曲是指钢板头部或尾部在长度方向上出现同一方向的翘曲，严重者甚至形成船底形。

缺陷成因：

(1) ACC 冷却或淬火后温度不均匀。

(2) 终轧温度过低，残余应力大。

预防：

(1) 提高 ACC 或淬火机的冷却温度精度和均匀性。

(2) 加大热矫矫直量可以减轻钢板全长翘曲。

推荐处理措施： (1) 轻微的翘曲可用冷矫或压平矫直。 (2) 板端局部翘曲无法矫平可通过切除翘曲部位后改规，但翘曲严重导致切割、吊运和矫直困难时，可直接判废或判次。	可能混淆的缺陷：无。

缺陷名称	大浪 Big Waviness

照片：

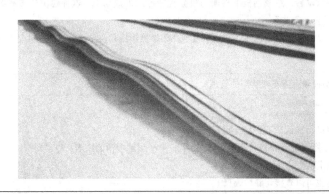

缺陷形貌及特征：大浪是指钢板沿长度方向呈高低起伏的波浪形状的弯曲，破坏了钢板的平直性，大浪的间距在 1000mm 以上。

缺陷成因：

(1) 轧辊热凸度异常、轧辊的不均匀磨损等原因而造成辊缝变化，使钢板长度方向的轧制延伸不均匀。

(2) 钢板加热温度不均匀或轧制不对中造成的轧制不稳定。

(3) ACC 冷却温度不均。

预防：

(1) 轧辊冷却，确保热凸度的稳定。

(2) 提高板坯加热温度的均匀性。

推荐处理措施： (1) 大浪可通过冷矫或压平矫直。 (2) 翘曲严重导致切割，吊运和矫直困难时，可直接判废或判次。	可能混淆的缺陷：无。

缺陷名称	瓦楞 Very Small Waviness

照片：

缺陷形貌及特征：瓦楞是指钢板呈现长度方向间距较小（小于 240mm）的高低起伏的弯曲。缺陷形貌类似瓦楞状。

缺陷成因：
(1) 轧机两侧压下的不稳定造成辊缝的跳动。
(2) 辊缝打滑造成上下表面轧制延伸不均匀。

预防：根据轧制品种、规格的变化合理设定凸度和轧制工艺参数。

推荐处理措施：瓦楞一般无法通过冷矫矫直，判废的可能性非常高。	可能混淆的缺陷：无。

缺陷名称	边浪 Edge Waviness

照片：

缺陷形貌及特征：边浪是指钢板单侧或两侧出现长度方向高低起伏的弯曲。

缺陷成因：
(1) 由于轧辊热凸度异常，轧辊的不均匀磨损等原因而造成辊缝变化，使钢板长度方向的轧制延伸不均匀。
(2) 板坯加热温度不均匀或轧制不对中造成的轧制不稳定。
(3) ACC 冷却温度不均。

续表

缺陷名称	边浪 Edge Waviness

预防：

（1）改善轧辊冷却，确保热凸度的稳定。

（2）提高板坯加热温度的均匀性。

推荐处理措施：边浪可通过冷矫矫直，但个别严重的边浪可能无法矫平并导致判废或判次。	可能混淆的缺陷：无。

缺陷名称	小浪 Small Waviness

照片：

缺陷形貌及特征：小浪是指钢板沿长度方向出现高低起伏呈波浪形状的弯曲，小浪的间距在 240～1000mm 之间。

缺陷成因：

（1）由于轧辊热凸度异常、轧辊的不均匀磨损等原因而造成辊缝变化，使钢板长度方向的轧制延伸不均匀。

（2）板坯加热温度不均匀或轧制不对中造成的轧制不稳定。

（3）由于钢板矫直温度过高、矫直辊压下量调整不当等因素而形成。

（4）ACC 冷却温度不均。

预防：

（1）改善轧辊冷却，确保热凸度的稳定。

（2）提高板坯加热温度的均匀性。

（3）严格控制矫直温度，正确调整矫直压下量。

推荐处理措施：小浪一般可通过冷矫矫直，但个别严重的小浪可能无法矫平并导致判废或判次。	可能混淆的缺陷：无。

缺陷名称	中间浪 Middle Waviness

照片：

缺陷形貌及特征：中间浪是指钢板中间出现长度方向高低起伏的弯曲，板厚较薄的钢板出现中间浪的概率较高。

缺陷成因：

(1) 由于轧辊热凸度异常、轧辊的不均匀磨损等原因而造成辊缝变化，使钢板长度方向的轧制延伸不均匀。

(2) 板坯加热温度不均匀或轧制不对中造成的轧制不稳定。

(3) ACC 冷却温度不均。

预防：

(1) 改善轧辊冷却，确保热凸度的稳定。

(2) 提高板坯加热温度的均匀性。

推荐处理措施：中间浪一般可通过冷矫矫直，但个别严重的中间浪可能无法矫平并导致判废或判次。	可能混淆的缺陷：无。

缺陷名称	轧制镰刀弯 Rolling Cucumber – Shaped

照片：

缺陷形貌及特征：镰刀弯是指钢板两侧边部轮廓明显向一侧弯曲，形成类似"月牙"或"镰刀"的形状。

缺陷名称	轧制镰刀弯 Rolling Cucumber – Shaped	

缺陷成因：轧机两侧辊缝不均或轧辊两侧轧制压力不平衡，造成钢板两侧轧制延伸不均。

预防：加强轧机状态的检查和管理，确保轧机两侧的平衡。

推荐处理措施： 　（1）轻微镰刀弯通过追加粗切，可以切出成品尺寸。 　（2）对于剪切线无法确保成品尺寸的，可通过火切切割。 　（3）严重的镰刀弯导致钢板改规的可能性较高。	可能混淆的缺陷：无。

缺陷名称	冷态划伤 Cold Scratch	

照片：

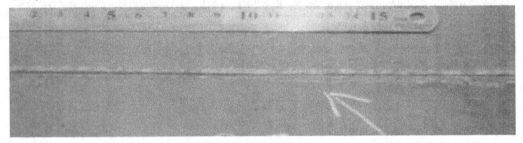

缺陷形貌及特征：冷态划伤是指钢板表面的物理擦伤，冷态划伤多呈直线型，有可能平行于轧制方向，也有可能垂直于轧线方向。冷态划伤深浅、长度均比较多样，其特征是缺陷区域有明显光泽或本体金属暴露后形成的铁锈痕迹，有时在缺陷附近可见氧化铁皮破裂的现象。

缺陷成因：
（1）辊道区域有异常突起并高出辊道面，钢板运输过程中造成下表面纵向划伤。
（2）冷床上下料装置辊梁轮子不转或凸起，钢板上、下料时发生摩擦，导致下表面横向划伤。
（3）入口或出口上料装置故障，使钢板与链条等部件发生相对摩擦，导致下表面横向划伤。
（4）剪切线辊道控制不合理或辊道故障，出现钢板与辊道的相对摩擦，导致下表面纵向划伤。
（5）磁力横移对中时横移装置与钢板发生相对摩擦，导致下表面横向划伤。
（6）钢板翻板时发生滑动，与翻臂摩擦后形成划伤。
（7）钢板前后搭叠，导致钢板之间相互摩擦，形成划伤。

预防：加强精整区域设备日常检查和管理。

推荐处理措施：对划伤程度进行确认，不满足合同要求的应修磨去除，当修磨处剩余厚度低于下限时，可采用厚度改规或切除缺陷后改尺的方法。	可能混淆的缺陷：轧制划伤。

缺陷名称	行车吊运划伤 Crane Scratch

照片：

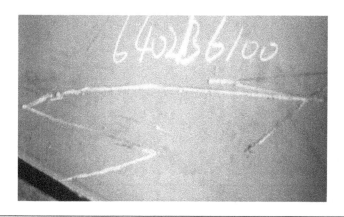

缺陷形貌及特征：行车吊运划伤是指钢板表面横向或"Z"字形的冷态划伤，划伤深度较深。

缺陷成因：

(1) 钢板下表面有毛刺等异物，在行车吊运时钢板头部或边部的毛刺与下层钢板发生碰撞，形成比较尖锐的划伤。

(2) 行车吊运时磁头与钢板发生摩擦，形成横向划伤。

预防：

(1) 行车吊运时轻放。

(2) 加强钢板边部毛刺和熔渣的检查和清理工作。

推荐处理措施：对划伤程度进行确认，不满足合同要求的应修磨去除，当修磨处剩余厚度低下限时，可采用厚度改规或切除缺陷后改尺的方法。	可能混淆的缺陷：轧制划伤。

缺陷名称	精整凹坑

照片：

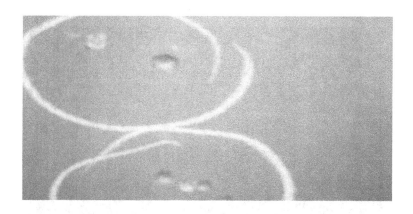

缺陷名称	错刀

照片：

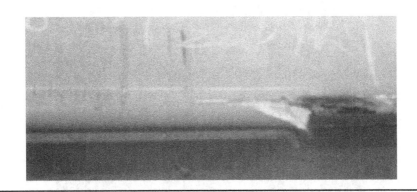

缺陷名称	剪切毛刺

照片：

缺陷名称	火焰切割

照片：

思考题

5 – 1　板带钢生产常见质量缺陷可以分为哪几类？

5 – 2　板带钢外观类缺陷有哪些？

5 – 3　板带钢表面类缺陷有哪些？

5 – 4　板带钢尺寸重量类缺陷有哪些？

5 – 5　板带钢工艺类缺陷有哪些？

参考文献

[1] 王廷溥. 板带材生产原理与工艺 [M]. 北京：冶金工业出版社，1996.

[2] 曹林瑞. 热轧生产新工艺技术与生产设备操作实用手册 [M]. 北京：中国科技文化出版社，2006.

[3] 赵元国. 轧钢生产机械设备操作与自动化控制技术实用手册 [M]. 北京：中国科技文化出版社，2005.

[4] 孙中华. 轧钢生产新技术工艺与产品质量检测标准实用手册 [M]. 长春：银声音像出版社，2004.

[5] 曲克. 轧钢工艺学 [M]. 北京：冶金工业出版社，1991.

[6] 周汝成. 轧钢生产技术工艺疑难问题解答与处理 [M]. 北京：中国科技文化出版社，2006.

[7] 张景进. 热连轧带钢生产 [M]. 北京：冶金工业出版社，2005.

[8] 张景进. 中厚板生产 [M]. 北京：冶金工业出版社，2005.

[9] 陈连生. 热轧薄板生产技术 [M]. 北京：冶金工业出版社，2006.

[10] 许石民. 板带材生产工艺及设备 [M]. 北京：冶金工业出版社，2008.

[11] 夏翠莉. 冷轧带钢生产 [M]. 北京：冶金工业出版社，2011.

[12] 杨俊任. 冷轧板带钢生产工艺 [M]. 北京：中国劳动社会保障出版社，2009.

[13] 郑光华. 冷轧生产新工艺技术与生产设备操作实用手册 [M]. 北京：中国科技文化出版社，2007.

[14] 丁修坤. 轧制过程自动化 [M]. 北京：冶金工业出版社，1986.

[15] 刘天佑. 钢材质量检验 [M]. 北京：冶金工业出版社，1999.

[16] 邹家祥. 轧钢机械 [M]. 北京：冶金工业出版社，1980.

[17] 张景进. 板带冷轧生产 [M]. 北京：冶金工业出版社，2008.

[18] www.xktech.com（山东星科智能科技股份有限公司）.

冶金工业出版社部分图书推荐